Svenja Holle | Emanuel Holle

Tod und Trauer in der Kleintierpraxis

Svenja Holle | Emanuel Holle

Tod und Trauer in der Kleintierpraxis

Euthanasie kompetent begleiten

Mit 26 Abbildungen und 11 Tabellen

schlütersche

Bibliografische Information der Deutschen Nationalbibliothek
Die Deutsche Nationalbibliothek verzeichnet diese Publikation in der Deutschen Nationalbibliografie; detaillierte bibliografische Daten sind im Internet über http://dnb.ddb.de/ abrufbar.

ISBN 978-3-89993-977-4 (print)
ISBN 978-3-8426-8962-6 (PDF)

Autoren
Svenja Holle
Rosengarten-Kleintierkrematorium
Devern 13, 49635 Badbergen
Svenja.Holle@mein-rosengarten.de
www.Rosengarten-Kleintierkrematorium.de

Emanuel Holle
Rosengarten-Kleintierkrematorium
Devern 13, 49635 Badbergen
Emanuel.Holle@mein-rosengarten.de
www.Rosengarten-Kleintierkrematorium.de

Projektleitung und Lektorat: Dr. Simone Bellair, Hannover
Gesamtherstellung: Schlütersche Verlagsgesellschaft mbH & Co. KG, Hannover
Umschlagabbildung: DeFi - stock.adobe.com
Druck und Bindung: Westermann Druck Zwickau GmbH, Zwickau

Inhaltsverzeichnis

Geleitwort

Der einmalige Tod.
Eine ethische Notiz zum Sterben des Tieres und zur Trauer seiner Menschen.

Es fiele leicht zu zeigen: Das Leben der Tiere und ihr Tod hat für Menschen heute eine andere, eine viel stärkere Bedeutung, als dies in unserer Kulturgeschichte bisher der Fall war. Manche Tiere werden erklärtermaßen als „Familienmitglieder" akzeptiert. Dabei ist wichtig zu sehen, wie unterschiedlich und wie unterschiedlich schnell sich dieser soziale Wandel vollzieht. Was für manche Tierbesitzer selbstverständlich ist, erscheint anderen als vollkommen undenkbar. Der Umgang mit „dem" Tier zeigt sich bei genauer Hinsicht als außerordentlich facettenreich. Dies gilt auch und verschärft für den Tod des Tieres.

Natürlich finden sich Muster, wie sie dieses Buch auch aufzeigt: Wichtige Leitfragen, die zu beantworten sind, wenn es um die Entscheidung geht, ein Tier um seiner willen zu töten. Die Bedingungen, die erfüllt sein müssen, um ihm einen guten Tod, ein gutes Sterben, auf Griechisch: ihm eine „Eu-Thanasia", zu gewähren. Unterscheidbare Stationen der Trauer, durch die Menschen typischerweise gehen. Erkennbare Strategien, mit dem Schmerz des Verlustes zurechtzukommen. Verfügbare Formen, den toten Körper in pietätvoller Art loszulassen und dabei den Tod selbst auch rituell einzufassen. Für eine auch moralisch taugliche Weise, in der Menschen diese letzte Phase im Leben ihrer Tiere begleiten und die Zeit danach gestalten sollen, ist es wichtig und richtig, nach ethisch begründeten Kriterien zu fragen. Gerade, wenn es um die Verantwortung von Tierarzt, seinen Mitarbeitern und Tierhalter für einen aus der mutmaßlichen Sicht des Tieres gelungenen Abschied geht, sind solche

Überlegungen unverzichtbar. Deshalb hat auch die Ethik hier einen Beitrag zu leisten: Menschen schulden den Tieren in ihrer Obhut bis zum Ende einen Umgang, der ihnen gerecht wird. Gerade am Schluss.

Aber hier zeigt sich auch in vielen Facetten: Wann es Zeit wird, das Tier gehen zu lassen, wie dies geschehen soll und was dies alles bei „seinen" Menschen bewirkt, ist letztlich nicht wirklich vorhersagbar. So individuell, eigentlich: so singulär, einmalig wie sein Leben für das Leben der Menschen war, so differenziert sind die jeweiligen Vorgänge und Entscheidungen zu gestalten. Man gewinnt den Eindruck, dass sich hier viele Dimensionen der Beziehung zu Tieren, vor allem aber zu diesem „einen" Tier, noch einmal verdichten und konzentrieren. Hier entlädt sich tiefe Dankbarkeit; in echte Verzweiflung und Trauer mischen sich je nachdem auch freudige Erinnerung oder schmerzliche Schuldgefühle. Manche reagieren mit einer inneren Distanzierung, manche mit einer Überhöhung der Tiere. Je inniger dies erlebt wird, desto deutlicher zeichnet sich darin ab, wie das Verhältnis zwischen Mensch und Haustier im Kern beschaffen war. Der Tod besiegelt und offenbart es. Und er offenbart manche Seite in den Menschen, derer sie sich vielleicht gar nicht bewusst waren. Wie in einem Brennglas wird sie deutlicher und größer sichtbar. Auch, weil der Tod wenig Möglichkeit lässt, etwas zu kaschieren und abzuschwächen.

Der Tod, sagte der Theologe Walter Simonis, ist der Sold der Liebe. Sein eigentlicher Stachel ist weniger die eigene Vergänglichkeit, vielmehr der Verlust dessen, woran unser Herz hängt. Erst weil sich Menschen mit Sterblichem verbunden fühlen, trifft sie dessen Tod. In dem Maße, in dem sich diese Verbundenheit auf Tiere erstreckt, wird auch deren Tod für Menschen ein im vollen Sinne ernst zu nehmendes Thema. Zum Respekt vor dem Tier und „seinen" Menschen es gehört dann, keine festen Schablonen über sie zu pressen: Auch ein Tier erlebt seinen Tod nur einmal und für viele Menschen ist dies das einmalige Ereignis, das einer unwiederholbaren Beziehung in ihrem Leben ein Ende setzt.

Hannover, im Winter 2018

Peter Kunzmann

Prolog

Der Beruf der Tiermedizinischen Fachangestellten ist nichts für Weicheier – das ist mal sicher. Entgegen der landläufigen Meinung, dass die „Tierarzthelferin" die meiste Zeit damit beschäftigt ist, Tiere zu streicheln und mit dem Besitzer ein Schwätzchen zu halten, sieht die Realität ganz anders aus: Der Tod sitzt allen Mitarbeitern einer tierärztlichen Praxis oder Klinik permanent im Nacken und hat das gesamte Team mehr oder weniger im Dauerwürgegriff. Beim Tierarzt wird nicht nur geimpft, entwurmt und kastriert, sondern auch getötet. Und das mit voller Absicht. Gerade noch wurde der kleine süße Welpe geimpft, die lustige Bulldogge bringt alle Leute im Wartezimmer zum Lachen und im nächsten Augenblick wird von der Tiermedizinischen Fachangestellten erwartet, dass sie bei der Euthanasie eines älteren und kranken Hundes assistiert. Sie kennt Hund und Halter schon seit Jahren und hat eine persönliche Beziehung zu beiden aufgebaut. Nun hält sie das Tier fest, damit die todbringende Spritze gesetzt werden kann. Dabei blickt sie in die Augen des Hundes, der bis in ihre Seele durchzudringen scheint, vollkommen verunsichert, was mit ihm nun wohl geschehen mag. Kurze Zeit danach bleibt sein Herz stehen. Das Telefon klingelt, nichts wie raus aus dem Zimmer und mit professionell freundlicher Stimme wird ein Termin für den nächsten Tag vereinbart.

Das Einschläfern eines Tieres stellt an das gesamte Praxisteam, insbesondere an die Tiermedizinische Fachangestellte, höchste Anforderungen. Viele Tierärzte machen, sofern es die Planung zulässt, Hausbesuche, um den geliebten Begleiter in seinem gewohnten Umfeld zu Hause zu erlösen. Unnötige Strapazen und Stress sollen dem Patienten erspart bleiben, das Tier soll sanft und schmerzlos im Kreise der Familie hinwegscheiden. Leider ist diese Vorgehensweise im Praxisalltag oft nicht möglich. Bei Unfällen oder akut lebensbedrohenden Krankheiten muss während des normalen Praxisbetriebes eine Euthanasie durchgeführt werden. Von der Fachkraft wird nun ein professioneller Umgang mit der Situation verlangt. Ein sensibler, intuitiver Kontakt mit Tier und Halter wird erwartet. Aber wer hat einem das beigebracht? Im Normalfall sind weder Tierarzt, Assistent oder Besitzer geschult im Umgang mit der Sachlage, da der Tod immer noch ein Tabuthema darstellt, mit dem sich die wenigsten auseinandersetzen wollen. Ganz abgesehen davon ist uns nicht bewusst, was mit unserer Seele passiert, wenn man die Erfahrung von mehreren Tausend Euthanasien verarbeiten muss.

Dieser Ratgeber soll dazu dienen, vielfältiges Wissen und Einblicke rund um das Thema der Euthanasie zu vermitteln, damit die direkt betroffene Tiermedizinische Fachangestellte besser mit dem schwierigen Thema des Todes eines Patienten umgehen kann und ihre Freude an diesem wundervollen Beruf behält. Wer seinen Frieden mit dem Tod soweit wie möglich gemacht hat und die Lehren dieses Buches umsetzt, hat das Rüstzeug, um den Tierbesitzer im Moment seiner größten Not und Trauer zu unterstützen. Aus meiner langjährigen Praxis ist eine tiefe Wertschätzung und Dankbarkeit von Seiten des Trauernden gegenüber dem Praxisteam der Lohn für eine einfühlsame Begleitung bei diesem letzten schweren Gang.

Bedburg-Hau, im Sommer 2018

Stefan Hauck

Vorwort

„Mehr als nur ein Job.
Es ist eine Berufung."

Liebe Leserinnen und Leser,

Es gibt wohl bei jedem ein „Aha-Erlebnis“ in seinem Beruf. Etwas, das einem vor Augen führt, dass es mehr ist als nur ein Job. Für uns waren das die erste Euthanasie und die erste Abholung eines verstorbenen Tieres.

Ich werde meine erste Euthanasie nie vergessen. Meine Ausbildung hatte nicht mal richtig begonnen, ich war noch im vierwöchigen Praktikum davor, als jeden Tag der Kater Daniel mit seiner Familie zu uns kam. Eigentlich war ich durch und durch Hundemensch und hatte beim Festhalten von Katzen während der Behandlung immer wahnsinniges Herzrasen. Bei Daniel war das anders. Der Kater schien dankbar zu sein behandelt zu werden und schnurrte sogar beim Verbandswechsel in einer Tour. Leider heilte Daniels Wunde einfach nicht. Ich kann heute nicht mehr sagen, welche Krankheit dieser Kater hatte. Aber ich erinnere mich an sein weiches Fell, sein lautes Schnurren, seine raue Zunge und seine puscheligen Pfötchen. Nie habe ich seine Krallen gesehen, sein Blick war immer gütig und oft müde. Er wirkte sehr erschöpft und verlor zunehmend an Gewicht. Als seine Besitzer den Termin für die Euthanasie vereinbart hatten, war der Vater alleine mit Daniel im Behandlungsraum. Für seine Frau und die Kinder war der Gang zu schwer und auch ihm standen die Tränen in den Augen.

Ich wusste nicht was auf mich zukommt oder wie ich am besten helfen konnte. Ich stand einfach nur da, habe Daniels Pfote gehalten und seinem Besitzer aufmerksam zugehört. Als die Tierärztin den Tod feststellte, hat sein Besitzer bitterlich geweint. Ich habe mich zum Waschbecken umgedreht, die benutzten Materialien fachgerecht entsorgt oder desinfiziert und mir liefen dabei dicke Tränen über die Wangen.

Ein paar Wochen später kam die ganze Familie mit einer neuen kleinen Katze zu uns in die Praxis und der Vater hat sich aufrichtig für die Betreuung während der Euthanasie bedankt.

Da war der Schmerz um Daniel vergessen und ich wusste, dass ich mehr über Kommunikation und Psychologie lernen wollte. Damit jeder Tierhalter den Verlust seines geliebten Tieres mit etwas mehr Leichtigkeit verarbeiten konnte.

Auch wenn Daniels Tod nicht mehr wehtut, so habe ich ihn nie vergessen. Ich möchte ihm dieses Buch widmen, als Erinnerung an unsere Verantwortung als Tiermedizinische Fachangestellten.

Sicher erleben die meisten von uns eine solch prägende Situation. Etwas, das einem vor Augen führt, ob man einen guten oder einen nicht so guten Griff bei der Berufswahl getan hat. Bei mir war es ein spezielles Erlebnis, welches mir gezeigt hat, dass sich hinter jedem tierischen Verlust eine sehr emotionale Geschichte verbergen kann. Und dass, obwohl man es nicht von Beginn an wusste oder erahnen konnte.

Mein Aha-Erlebnis fand in Berlin statt. Bei einem Besuch unserer dortigen Rosengarten-Filiale unterstützte ich eine Kollegin bei der Abholung eines Tieres. Wir wussten, dass wir einen kleinen Hund abholen sollten – Tobi. Die Besitzerin hatte uns informiert, dass der kleine Tobi erfreulicherweise friedlich zu Hause eingeschlafen war. Nun wünschte sie sich, dass wir ihn in unsere Obhut nehmen sollten. So weit, so normal. Also sind wir losgefahren, kämpften uns durch den Berliner Berufsverkehr und einige Zeit später klingelten wir bei der Dame im vierten Stock eines Mehrfamilienhauses. Die Dame ließ uns, auf ihren Stock gestützt ein. Sie war knapp 80 Jahre alt und hatte merklich Probleme beim Laufen. Sie bat uns kurz Platz zu nehmen, da sie uns erzählen wollte, warum der Hund eine so eine große Bedeutung für sie hatte.

Auch das war ein vollkommen normaler Vorgang. Die trauernden Menschen freuen sich darüber, wenn sie in Ihrer Trauer ernst genommen werden und etwas über die Besonderheiten des verstorbenen Tieres erzählen dürfen. Natürlich kommen wir dem gerne nach, weil es den Menschen hilft, die Situation zu verarbeiten und zu verstehen. Uns hilft es dabei, die Beweggründe des Einzelnen verstehen zu können und wir sind so in der Lage, die bestmögliche Unterstützung zu bieten. Die Geschichte der älteren Dame rührte mich aber doch auf eine tiefere Art an, als es bis dahin der Fall war. Der gemeinsame Weg der Dame mit ihrem Tobi hatte schon einen sehr emotionalen Start. Tobi war ein Geschenk Ihres Mannes. Beide wussten damals schon, dass er den Kampf gegen den Krebs verlieren würde. Mit den Worten „Der Hund passt nun auf Dich auf." verabschiedete er sich von seiner Frau. Vierzehn Jahre später musste sich seine Frau nun von ihrem Aufpasser verabschieden. Sie schilderte uns von der unfreiwilligen „Zweier-WG", von dem Zusammenraufen von Frau und Hund und von der gegenseitigen Abhängigkeit, die sich aus all dem zwischen ihnen entwickelte. Sie erzählte uns, dass sie in den letzten Jahren den Schwung und die Bedürfnisse von Tobi brauchte, um überhaupt einen richtigen Sinn im Weitermachen zu sehen. Und nun? Jetzt war sie alleine. Alleine mit den Gedanken an ihren Mann und ihren Hund. Vorsichtig fragte ich nach, was sie nun als neuen Antrieb in ihrem Leben nehmen wolle. Zu unserer Erleichterung erklärte sie uns, dass sie ihrer Nachbarin mit deren Hund helfen werde. „Die kann noch schlechter laufen als ich. Dafür sieht sie aber besser. Wenn wir uns zusammentun, werden wir gut zurechtkommen. Sie sieht die Sonderangebote für Hundefutter in den Prospekten und ich gehen sie einkaufen. Ganz einfach. Wie sagen die jungen Leute: Teamwork.". Die Frau strahlte einfach eine unglaubliche Kraft aus, die auch ihre tiefe Traurigkeit besiegen konnte. So war es ihr Herzenswunsch, sich am Auto von Tobi zu verabschieden, auch wenn es sehr anstrengend und ergreifend für sie war. Nach diesem endgültigen Abschied am Auto begleiteten wir Tobi auf seinem letzten Weg. Sein Frauchen war auf diesem Weg nicht persönlich anwesend aber in den Köpfen der Menschen in dem Wagen war sie sehr präsent.

Tage später konnten wir die beiden wieder vereinen und Tobi bezog seinen neuen Platz auf dem Wohnzimmerregal, neben dem Foto, das ihren Mann mit Tobi zeigte.

Solche Geschichten begleiten und begegnen uns immer wieder. Ihnen und uns. Sicher muss man aufpassen, dass man das Alles nicht zu sehr an sich heranlässt. Das kann auf Dauer zu einer zu großen Belastung werden. Die eine oder andere Geschichte beweist uns aber dennoch sehr eindringlich, warum Haustiere in der heutigen Zeit diesen enormen Stellenwert bekommen haben. Zu manchen Entwicklungen in der „Tierliebe" kann man sicher geteilter Meinung sein. Was aber echte und nicht materielle Verbundenheit angeht, muss man den Tieren ihren besonderen Stellenwert zugestehen.

Badbergen, im Winter 2018

Svenja Holle
Emanuel Holle

1 Euthanasie – der „gute Tod“

1.1 Wortbedeutung und geschichtlicher Hintergrund

Der Begriff „Euthanasie“ ist in der Praxis gängig, um das Einschläfern eines Tieres zu benennen. Abgeleitet vom griechischen eu = gut und thanatos = Tod soll der Begriff ein Symbol für einen friedlichen Tod sein. Allerdings nicht auf natürliche Weise, denn Euthanasie steht auch immer für Hilfe beim Sterben, für Sterbebegleitung und dafür, dem Sterbenden seinen Tod leichter zu machen.

Thomas Morus schreibt in seiner *Utopia* (1516): „Ist aber die Krankheit nicht nur aussichtslos, sondern dazu auch dauernd schmerzhaft und qualvoll [...] solle er nicht zögern zu sterben, sondern er solle getrost und guter Hoffnung aus diesem unerfreulichen Dasein [...] sich entweder selbst befreien oder andere ihn daraus entführen lassen.“ Und Roger Bacon sagt wenig später in *De dignitate et augmentis scientiarum* (1829): „Aufgabe des Arztes sei nicht nur die Erhaltung der Gesundheit, die Heilung der Krankheit, sondern auch die Verlängerung des menschlichen Lebens. Wenn diese Verlängerung aber sinnlos sei, dann sei es Aufgabe des Arztes, dem Kranken einen sanften und ruhigen Übergang aus diesem Leben zu jenem zu verschaffen.“

All das sollte auch in der Tiermedizin bei der Euthanasie eines Tieres Beachtung finden. Im Laufe unserer Geschichte erhielt das Wort Euthanasie jedoch einen sehr negativen Beigeschmack. Aus dem friedlichen Tod wurde nun eine – oft ungewollte – Lebensverkürzung.

Obwohl der Tod zum Leben dazu gehört, ist er in unserem Kulturkreis mehr und mehr aus der Öffentlichkeit verschwunden. Unsere Einstellung zum Tod hat sich über die Jahre massiv gewandelt. Früher war er fester Bestandteil einer jeden Gesellschaft. Es gab Zeremonien, Totenfeiern und ganze Trauerjahre. Natürlich ging es dabei nicht um den Tod eines Haustieres, dennoch möchten wir in diesem Kapitel auf die Einstellung zum Tod und zum Sterben in der Geschichte unserer Kultur eingehen. Denn nur wenn man versteht, wie die Menschen grundsätzlich zum Tod stehen, kann man Trauer wirklich erfassen.

Rolf Winau schreibt in seinem Werk *Einstellungen zu Tod und Sterben in der europäischen Geschichte* (1984): „Auffälligstes Merkmal dieser Veränderung ist eine Ortverlagerung. Nicht mehr Zuhause stirbt man, im Kreis seiner Familie, sondern im Krankenhaus, alleine. [...] Der Tod ist aufgelöst in einzelne, dem Laien kaum verständliche Schritte und Situationen. Der Mensch fühlt seinen Tod nicht mehr kommen, im Gegenteil, ihm wird sein Zustand, werden alle Boten des Todes verheimlicht. [...] Der Tod ist unbenennbar geworden.“

In einer Gesellschaft mit dem Tod als Tabuthema, kann auch der Tod des Haustieres ernsthafte Folgen haben. Dem Tierhalter ist oft nicht bewusst, dass er sich bei einem alten Tier vorsorglich mit diesem Thema auseinandersetzten sollte. Auch bei der 23-jährigen Katze oder dem 16-jährigen Berner Sennenhund kommt der Tod für ihn plötzlich und unerwartet. Der Gedanke wird in seinem Kopf gar nicht zugelassen, das macht es dem Praxispersonal schwer, dieses Thema anzusprechen.

Umso mehr sehen wir es als Pflicht in der Tierarztpraxis, den Tierhalter frühzeitig an die Hand zu nehmen und ihn an den Gedanken des Todes seines geliebten Tieres zu gewöhnen.

Hierbei geht es nicht um Panikmache oder das Eingeständnis, dass man das Tier nicht mehr behandeln kann. Es geht um Dienstleistung und Service. Eine Verpflichtung, die auch eine tierärztliche

Einrichtung wie eine Praxis oder Klinik verinnerlichen muss. Sie ist ein Dienstleistungsunternehmen.

Einige Tierbestattungsunternehmen bieten zu genau diesem Zweck eine Haustiervorsorge an, damit man am Tag des Abschieds auch wirklich trauern kann und nicht aus einer Schockstarre heraus Entscheidungen trifft, die man am Ende eventuell sogar bereut. Diese Vorsorge kann und sollte behutsam von Tiermedizinischen Fachangestellten angesprochen werden – egal, wie alt das Tier ist.

1.2 Tierethik – Ein Kodex für tierärztliche Praxen und Kliniken

Die Tierärzteschaft hat sich mit dem auf dem Deutschen Tierärztetag 2015 verabschiedeten Ethik-Kodex dazu verpflichtet, ein Regelwerk im Umgang mit Mensch und Tier einzuhalten (BTK 2015).

Als Tiermedizinische Fachangestellte sind Sie diesem Kodex nicht unterworfen. Sie sind aber ebenso mit der Beachtung dieses Regelwerks betraut und helfen aktiv bei der Umsetzung. Daher macht es Sinn, sich mit einigen Passagen des Kodex auseinanderzusetzen. Der Ethik-Kodex ist auf der Webseite der Bundestierärztekammer e.V. (BTK) verfügbar (www.bundestieraerztekammer.de/btk/ethik) und wird hier im Wortlaut wiedergegeben. Die Stellen des Textes, in denen sich Tiermedizinische Fachangestellte wiederfinden können und sollten, sind hervorgehoben. In Ergänzung und Konkretisierung des Ethik-Kodex wurden 2016 Empfehlungen zur Umsetzung ausgearbeitet, die ebenfalls auf der Webseite der BTK abrufbar sind.

Ethik-Kodex der Tierärztinnen und Tierärzte Deutschlands

Der Ethik-Kodex legt in Achtung der Würde der Tiere und in Verantwortung gegenüber der Gesellschaft die Selbstverpflichtungen der Tierärztinnen und Tierärzte zum ethisch richtigen Handeln dar.

1. Wir Tierärztinnen und Tierärzte dienen dem Allgemeinwohl und
   - **verpflichten uns, mit unseren fachlichen Kenntnissen und Fähigkeiten in besonderer Weise zum Schutz und zur Sicherung der Gesundheit und des Wohlbefindens der Tiere beizutragen,**
   - **vertreten die Interessen der Tiere** gegenüber der Gesellschaft, Politik, Wirtschaft und Wissenschaft, **zeigen Missstände auf und helfen sie zu beseitigen**,
   - stellen uns Interessens- und Zielkonflikten mit verantwortungsvollem Abwägen der konkurrierenden Standpunkte und Ziele und **berücksichtigen** dabei **vorrangig die Bedürfnisse der Tiere**,
   - setzen uns dafür ein, die Menschen vor Gesundheitsgefahren zu schützen, die von Tieren und von Produkten tierischer Herkunft ausgehen,
   - fördern den wissenschaftlichen Fortschritt auf allen Gebieten der Medizin und der Biowissenschaften und unterstützen die Erforschung, Entwicklung und Anwendung von Alternativen zu Tierversuchen,
   - berücksichtigen im Sinne einer nachhaltigen Entwicklung die ökologischen, ökonomischen und sozialen Folgen unseres Handelns.
2. Wir Tierärztinnen und Tierärzte **tragen Verantwortung für die Gesundheit von Tier und Mensch** und verpflichten uns dem „One Health“-Konzept und den darin formulierten Prinzipien bei der Verhütung und Bekämpfung von Zoonosen und beim Einsatz von Antibiotika,
   - **setzen unser** tierärztliches **Wissen dafür ein, Tiere vor Schmerzen, Schäden, Leiden und Angstzuständen zu bewahren und deren Gesundheit und Wohlbefinden zu fördern**,
   - **helfen, Krankheiten der Tiere präventiv und kurativ entgegenzuwirken mit dem Ziel, Krankheiten zu verhindern, zu lindern und zu heilen**,

- lehnen alle Maßnahmen ab, durch die Tiere Leistungen erbringen sollen, die ihre physische oder psychische Anpassungsfähigkeit überfordern oder die negativen Konsequenzen für ihre Gesundheit und/oder ihr Wohlbefinden haben,
- **verurteilen jede Form von Tierzucht, die zu Schmerzen, Leiden und Qualen führt oder beiträgt, und setzen uns für die präventive Aufklärung sowie für das Erkennen und Vermeiden solcher Entwicklungen ein,**
- **setzen uns für tiergerechte Haltungsbedingungen aller Tiere in menschlicher Obhut ein** und unterstützen deren konsequente Weiterentwicklung, um die Haltungssysteme und die Betreuungsqualität für die Tiere zu verbessern.

3. Wir Tierärztinnen und Tierärzte **richten Tierbehandlungen stets am Wohlbefinden der Tiere aus** und
   - **führen** diagnostische, prophylaktische und kurative **Maßnahmen nur bei Vorliegen einer medizinischen Indikation oder eines anderen vernünftigen Grundes durch**,
   - **orientieren jedes** tierärztlich-kurative **Handeln am Ziel der Wiederherstellung, des Erhalts oder der Verbesserung der individuellen Lebensqualität der Tiere**,
   - führen schmerzhafte Eingriffe an Tieren grundsätzlich nur unter allgemeiner und/oder lokaler Anästhesie und postoperativer Analgesie durch,
   - **leisten bei verunfallten oder krank aufgefundenen Tieren eine fachgerechte Erstversorgung im Rahmen unserer jeweiligen Möglichkeiten**,
   - stellen das Wohl des Tieres über unseren beruflichen Ehrgeiz und überweisen Patienten gegebenenfalls an eine spezialisierte Praxis oder Klinik,
   - dürfen das Leben eines Tieres nur bei Vorliegen eines vernünftigen Grundes und mit der für das Tier am wenigsten belastenden Methode beenden.

4. Wir Tierärztinnen und Tierärzte **unterstützen die Tierhalter in der Wahrnehmung ihrer Verantwortung gegenüber dem Tier** und
   - **weisen sie, wann immer möglich, im Vorfeld der Anschaffung von Tieren auf die besonderen Bedürfnisse des gewünschten Tieres sowie die eventuellen Konsequenzen für das persönliche Umfeld hin**,
   - **fordern und tragen dazu bei, dass Tierhalter und alle Personen, die mit den Tieren umgehen, ihrer Verantwortung für die Gesundheit und das Wohlbefinden der Tiere gerecht werden und über eine entsprechende Sachkunde der physiologischen, psychischen und sozialen Bedürfnisse der Tiere verfügen**,
   - wirken durch Information und Beratung darauf hin, dass Tierhalter ihre Tiere ihren natürlichen art-, rasse- und typspezifischen Bedürfnissen und Verhaltensmustern entsprechend halten,
   - **fordern Tierhalter zur Behebung von Mängeln auf, wenn wir defizitäre Zustände in der Tierhaltung und Betreuung feststellen**, und arbeiten erforderlichenfalls mit staatlichen Organen zusammen.
5. Wir Tierärztinnen und Tierärzte **halten die Regeln der Kollegialität ein** und
   - **sind uns unserer Verantwortung im Bereich der Aus-, Fort- und Weiterbildung** des tierärztlichen Nachwuchses und **der uns anvertrauten Auszubildenden** in Assistenzberufen **bewusst**,
   - **behandeln Kolleginnen und Kollegen und Mitarbeiterinnen und Mitarbeiter respektvoll** und vergüten ihre Tätigkeit angemessen,
   - **verhalten uns den Kolleginnen und Kollegen** sowie dem tierärztlichen Nachwuchs **gegenüber als Vorbilder bei der Wahrnehmung der gesellschaftlichen Verantwortung** der Tierärzteschaft.

1.3 Rechtliche Grundlagen

Wirbeltiere sind nur unter Betäubung oder nur unter Vermeidung von Schmerzen zu töten. Personen, die ein Wirbeltier töten, müssen über die notwendigen Kenntnisse und Fähigkeiten verfügen. Um die Tötung eines Tieres zu rechtfertigen, muss ein vernünftiger Grund vorliegen, z. B. wenn ein Weiterleben nur unter erheblichen, nicht behebbaren Schmerzen, Leiden oder Schäden möglich ist (§§ 3 [Ziff. 2], 9 [Abs. 2, Ziff. 6 und 8] und 16 a [Ziff. 2], TierSchG 2006).

Weiterhin heißt es im Tierschutzgesetz in § 17: „Mit Freiheitsstrafe bis zu drei Jahren oder mit Geldstrafe wird bestraft, wer ein Wirbeltier ohne vernünftigen Grund tötet.“ Dieser Grund wird aber nicht näher definiert, auch das Wort „Schmerz“ unterliegt juristisch keinerlei Definition. Somit bewegen Tierärzte sich bei jeder Euthanasie in einer Grauzone. Zum einen gibt es die Tierhalter, die ihre Tiere einfach nur loswerden wollen und die wildesten Geschichten erzählen, welche Krankheiten das Tier angeblich habe. Aufgabe des Tierarztes ist es, herauszufinden, dass dies nicht der Wahrheit entspricht und somit kein Grund vorliegt, das Tier einzuschläfern. Zum anderen gibt es die Tierhalter, die nicht loslassen können und ihr Tier aufgrund falscher Tierliebe zu lange leiden lassen. Auch hier hat der Tierarzt die Verantwortung dem Tier gegenüber, allerdings darf er ohne Einwilligung des Tierhalters weder behandeln noch einschläfern – ein kommunikativer Drahtseilakt. Nicht zu vergessen sind die Fälle, in denen wirtschaftliche Aspekte eine Rolle spielen. Tierhalter können rechtlich nicht verpflichtet werden, über ihre finanziellen Grenzen hinaus eine Weiterbehandlung des Tieres zu zahlen. Hier muss also immer eine Verhältnismäßigkeit abgewogen werden, um zu bestimmen, ob ein Grund vorliegt oder nicht. Können Tierhalter und Tierarzt sich nicht zum Wohle des Tieres einigen und wird eine Verletzung des Tierschutzes vermutet, kann das Veterinäramt eine rechtlich bindende Entscheidung treffen. Allerdings kann der Tierhalter diese Entscheidung per Eilantrag anfechten. Um diese rechtlichen Schritte gar nicht erst nötig zu machen, ist auch hier wieder kommunikatives Feingefühl gefragt.

Eine rechtliche Ausnahme bildet die sogenannte Kampfhundeverordnung, die auf Bundesländerebene die Euthanasie von als gefährlich eingestuften Hunden regelt. Diese **Gefahrenabwehrverordnung über das Halten und Führen von Hunden** (2003) bestimmt unter anderem den erforderlichen Sachkundenachweis der Tierhalter, sowie Leinen- und Maulkorbzwang und Ausbildung der Tiere. Die zuständige Behörde kann die Tötung des Tieres anordnen, wenn die Annahme gerechtfertigt ist, dass von dem Tier eine Gefahr für den Menschen ausgeht.

Um die Tragweite der gesetzlichen Bestimmungen deutlich zu machen, folgt ein Beispiel aus der Praxis. Allerdings ist zu beachten, dass es sich bei den Urteilen um Einzelfallentscheidungen des jeweiligen Gerichtes handelt:

FALLBEISPIEL

Tierärztliche Haftung: Euthanasie des Tieres ohne Einwilligung des Besitzers

Im Frühjahr 2012 wollte die 43-jährige Besitzerin des Dobermannrüden Kronos (6 Jahre) eine Zecke aus dessen Pfote entfernen. Dabei hatte sich der Hund derart erschrocken, dass er der Besitzerin eine leichte Bissverletzung am Kopf zufügte.

Der Vater der Besitzerin stellte aufgrund des Beißvorfalls den Rüden beim Tierarzt vor und drängte den Tierarzt zur Einschläferung des Hundes. Der Tierarzt gab dem Drängen nach und schläferte den Hund ein. **Die Tochter und eigentliche Besitzerin des Hundes hatte einer Tötung des Dobermannrüden nie zugestimmt und verklagte den Tierarzt. Das Amtsgericht Bonn verurteilte den Tierarzt wegen einer Sorgfaltspflichtverletzung zur Zahlung von 800,- Euro Schadensersatz.** Die Verurteilung wollte der Tiermediziner nicht akzeptieren und legte vor dem Landgericht Bonn Berufung ein. Seinen Angaben zum Sachverhalt zufolge behauptete der Vater, dass er der Besitzer des Rüden sei. Auch sei nachgefragt worden, ob die Entscheidung, Kronos einzuschläfern, in der Familie besprochen wurde. Dies habe der Rentner ebenfalls bejaht. Daraufhin hatte der Tierarzt es „schweren Herzens" gemacht. Die Richter des Landgerichts Bonn hielten die Entscheidung des Amtsgerichts für rechtens. **Nach ihrer Ansicht hätte gerade im Hinblick dessen, dass die Besitzerin mit dem Rüden in seiner Praxis schon vorstellig war, der Tierarzt sich belegen lassen müssen, wer der eigentliche Besitzer des Hundes ist. Zudem habe er keine weitere Abwägung vorgenommen, ob nicht ein Wesenstest, die Abgabe in ein Tierheim oder in die Hände eines fachkundigen Tiertrainers ausgereicht hätten.** Der Tiermediziner nahm die Entscheidung des Gerichtes vorweg und zog die Berufung zurück.

1.3.1 Tierärztliche Todesbescheinigung (Totenschein)

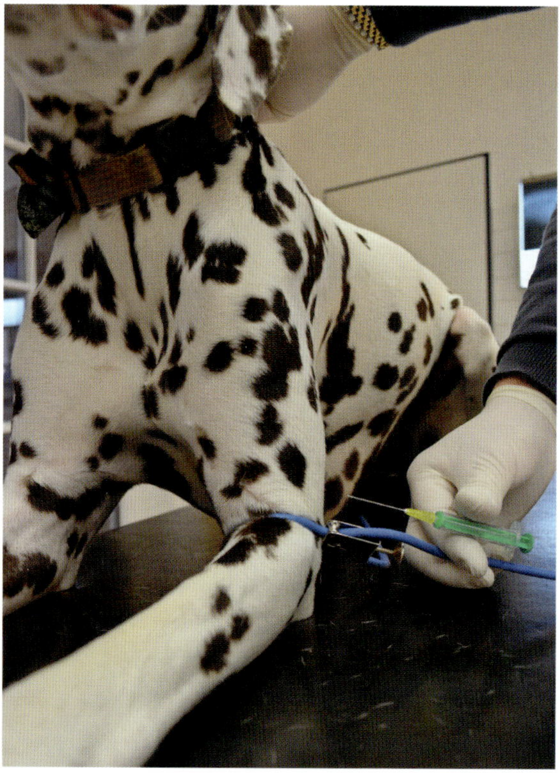

Abb. 1-1 Vorbereitung der Narkose vor der Euthanasie

Jeder Hundehalter hat die Pflicht, für sein Tier Steuern zu zahlen. Verstirbt dieser Hund, muss er ihn innerhalb von zwei Wochen unter Vorlage einer tierärztlichen Todesbescheinigung in seiner Gemeinde abmelden.

Dieses Dokument dient rechtlich zum Nachweis dafür, dass der Hund wirklich eingeschläfert wurde, wird aber auch bei Tieren benötigt, die ohne tierärztlichen Eingriff sterben. Oft reicht den Gemeinden auch die Rechnung des Krematoriums oder des Tierfriedhofs als Nachweis. Viele Gemeinden wünschen auch die alte Steuermarke des Tieres zurück, allerdings wird das Halsband nach der Euthanasie oft in der Praxis vergessen. Hier benötigt der Tierhalter das wache Auge der Tiermedizinischen Fachangestellten, da er in diesem Moment meist keinen klaren Gedanken fassen kann.

1.4 Medizinische Durchführung

Auch wenn die Euthanasie für viele Tierärzte eher als notwendiges Mittel angesehen wird, darf ihrer Durchführung nicht weniger Beachtung und Vorbereitung geschenkt werden als jeder anderen Behandlung auch, die zum Wohle des Tieres durchgeführt wird. Der Tierarzt hat aufgrund seiner Ausbildung gesetzlich betrachtet die Kenntnis und Fähigkeit, den Tod eines Tieres herbeizuführen. Nach § 4 des Tierschutzgesetzes (TierSchG 2006) darf ein Wirbeltier nur unter Betäubung oder sonst nur unter Vermeidung von Schmerzen und nur von Personen, die dazu die nötigen Kenntnisse und Fähigkeiten haben, getötet werden (Sachkundenachweis).

Für einen reibungslosen Ablauf zählt jedoch die Zusammenarbeit des gesamten Praxisteams. Die Euthanasie sollte als letzter Dienst betrachtet werden, den eine Praxis seinem Patienten erweisen darf. So ist sie doch ein maßgebender Faktor für eine erfolgreiche Verlustbewältigung des Tierhalters.

Hierbei bilden sowohl eine gute Beratung, als auch eine fachgerechte Durchführung der Euthanasie die Grundsteine für das, was es sein soll: ein „guter Tod“ (▶Abb. 1-1).

1.4.1 Der richtige Zeitpunkt

Wie im vorherigen Kapitel beschrieben, ist die Entscheidung zur Euthanasie eines Tieres von verschiedenen Faktoren abhängig. Oft wird Tierhaltern der Rat gegeben, dass Tier zu erlösen, wenn es keine Lebensqualität mehr habe. Doch wie genau definiert man Lebensqualität bei einem Tier?

Aus unserer Erfahrung haben sich zwei wichtige Faktoren herauskristallisiert, um einschätzen zu können, ob das Tier noch Freude am Leben empfindet. Denn das Wort Lebensqualität ist nicht nur gleichzusetzen mit „schmerzfrei“.

1. **Nahrungsaufnahme:** Ein Tier, das sein Leben lang gerne und viel gefressen hat und plötzlich die Nahrungsaufnahme einstellt, tut dies nicht ohne Grund. Meistens versteckt sich hinter diesem Symptom eine ernst zu nehmende Krankheit. Wir sprechen hierbei nicht von der Katze, die die neue Futtermarke erst einmal drei Tage lang ablehnt, sondern von einem Tier, was über einen längeren Zeitraum nicht richtig frisst und stetig an Gewicht verliert. Gewichtsverlust lässt sich nicht mit Alter erklären und ist das erste deutliche Zeichen für eine verringerte Lebensqualität.
   Um zu testen, ob es sich wirklich um krankheitsbedingte Appetitlosigkeit handelt oder das Tier gerade einfach sehr anspruchsvoll ist, eignen sich besondere Leckereien sehr gut. Werden diese noch mit Freude verschlungen, sollte erst ein Futterwechsel probiert werden. Hält die Appetitlosigkeit an, empfehlen wir einen Besuch beim Tierarzt.
   Zum Punkt Nahrungsaufnahme zählt auch die ausreichende Versorgung mit Wasser, denn: Wasser ist Leben. Hat das Tier von alleine keine Kraft oder Anreize mehr, Wasser aufzunehmen obwohl es ihm frei zur Verfügung steht, besteht dringender Handlungsbedarf. Seinem Tier eigenständig Wasser über eine Spritze ins Maul zu geben hilft dabei nicht in vollem Umfang. Ein Tierarzt sollte klären, was die Ursache für diese Verweigerung ist.
2. **Teilnahme am Leben:** Jeder Halter sollte bei seinem Tier einschätzen können, ob es sich „normal“ verhält. Empfindet es Freude wie früher? Nutzt es seine Instinkte und Sinne wie gewohnt? Hat das Tier Schmerzen? Starke, akute Schmerzen, wie bei einer Pfotenverletzung, können oft sehr gut eingeschätzt werden. Schwieriger wird es bei schleichenden Schmerzen, die über einen langen Zeitraum wachsen. Hierbei fällt es Tierhaltern oft schwer einzuordnen, ob das zum normalen Alterungsprozess des Tieres

gehört, oder ob eine Krankheit vorliegen könnte. Sätze wie „In seinem Alter mag er Treppensteigen einfach nicht mehr so gerne, daher hat er seinen Platz jetzt unten im Flur." hat sicher jeder schon einmal gehört. Auch hier möchten wir noch einmal daran erinnern, dass Alter alleine keine Krankheit ist. Verändert sich das Tier im Alter sind in den meisten Fällen Schmerzen der Grund dafür. Um wirklich ausschließen zu können, dass das Tier keine Schmerzen hat, sollte über einen Zeitraum von mindestens drei Wochen ein Schmerzmedikament verabreicht werden. Verbessert sich der Zustand des Tieres ist dies ein Beweis dafür, dass ein starkes Schmerzempfinden die Ursache für das veränderte Verhalten ist.

Neben Schmerzen bezieht sich der Punkt „Teilnahme am Leben" aber auch auf die Persönlichkeit des Tieres. Verändert sich das Verhalten des Tieres enorm, wird es vielleicht sogar aggressiv, unsauber oder asozial gegenüber Artgenossen, muss dies als reduzierte Lebensqualität gewertet werden. Bei jedem Tierhalter ist die Wahrnehmung dieser Verhaltensveränderungen unterschiedlich. Für den einen ist es in Ordnung, dass der Hund plötzlich nicht mehr hochgehoben werden möchte und aggressiv auf Artgenossen reagiert, obwohl er sonst immer sehr ausgeglichen war. In solchen Situationen sollte man dem Tierhalter vor Augen führen, wie das Tier sich früher verhalten hat und hinterfragen, ob das Tier wirklich noch Freude am Leben empfindet oder ob vieles mittlerweile zur Qual geworden ist. Hilfreich ist dabei folgendes Denkbeispiel: Der Tierhalter soll sich vorstellen, dass Tier müsste noch einen Monat exakt so weiterleben. Verschönern sie die Probleme dabei nicht, sondern sprechen Sie diese direkt an. Er soll sich dann vorstellen, dass das Tier nach diesen vier Wochen eingeschläfert wird. Kann er dann mit ruhigem Gewissen sagen: „Ja, mein Tier hatte noch ein gutes, erfülltes Leben."?

1.4.2 Der passende Ort

Viele Tierhalter wünschen sich eine Euthanasie zu Hause, damit das Tier in gewohnter Umgebung seine letzte Reise antreten kann. Katzen wird der Transportstress in ihrer Box erspart, Hunde müssen nicht gegen ihren Willen am Halsband in die Praxis gezogen werden – im besten Fall ist das Stressersparnis für beide Seiten.

Allerdings ist das nicht immer so: Stellt der Tierarzt für das Tier ein „Feindbild“ dar, da es unangenehme Situationen oder langwierige Behandlungen gab, kann das Eindringen in sein eigenes Zuhause, sein Revier, zusätzlichen Stress für das Tier bedeuten. Tierhalter lassen Ihren Emotionen in vertrauter Umgebung oft auch mehr freien Lauf, was sich unweigerlich auf das Tier überträgt. Dies kann bei jedem noch so friedlichen Tier zu unvorhersehbaren Angstreaktionen wie Beißen oder Kratzen führen. Hinzu kommen die nicht immer optimalen Arbeitsbedingungen, wie Hocken auf dem Fußboden, schlechte Lichtverhältnisse oder eben keinerlei Absicherung gegen Angstreaktionen des Tieres. Zu bedenken ist außerdem, dass der Tierhalter im Nachhinein jeden Tag mit der Situation der Euthanasie konfrontiert wird, da es in seinem eigenen Zuhause stattfand und er die Bilder vielleicht nicht mehr abschütteln kann. Einige Tierhalter bereuen daher diese Entscheidung,

Abb. 1-2 Beispiel für einen Trauerraum

da die ständige Konfrontation mit dem Ort des Geschehens negative Auswirkungen auf die Trauerbewältigung haben kann.

Die Euthanasie in der tierärztlichen Praxis ist deshalb oft die bessere Lösung, um eine würdevolle und sanfte Euthanasie möglich machen zu können. Viele Tierarztpraxen setzen dabei mittlerweile bereits auf eigene Trauerräume (▶Abb. 1-2). Die Idee dahinter ist es, für den Tierhalter bei der Euthanasie in einem behaglicheren Praxisumfeld einen Rückzugsort zu schaffen. Fern von den normalen Behandlungsräumen, fehlt hier die Sterilität und die typische Praxisatmosphäre. Ein Trauerraum ähnelt eher einem Wohnzimmer und lädt den Tierhalter ein, sich zu entspannen.

Der große Vorteil eines solchen Trauerraums ist, dass der eigentliche Behandlungsraum nicht mit negativen Emotionen behaftet ist und der Tierhalter gerne wieder in die Praxis kommt. Zusätzlich ist bei der Kommunikation innerhalb des Teams von vornherein klar, dass es sich bei Halter und Tier in diesem Raum immer um eine Euthanasie handelt. Hat der Tierhalter in diesem Raum auch die Möglichkeit die Rechnung zu bezahlen, erspart er sich sogar die Blöße, in seiner Trauer an der Anmeldung vor andere Tierhalter zu treten.

1.4.3 Die Wahl des Medikaments

Die Euthanasie eines Tieres beinhaltet für Tierärzte immer wieder aufs Neue ein hohes Maß an Verantwortung gegenüber dem Tier und seinem Halter. Daher spielt auch die fachgerechte und sanfte medizinische Durchführung eine wichtige Rolle, sowohl für das Tier, welches möglichst wenig Schmerzen erleiden soll, als auch für den Tierhalter, dessen Trauerprozess unweigerlich durch den letzten gemeinsamen Weg beeinflusst wird.

Für jedes Tier, jede neue Situation im Rahmen der Euthanasie, muss daher genau geprüft werden, welches Medikament und welche Applikationsart eingesetzt wird. So kann der Verzicht auf eine vorangegangene Sedierung oder das Missachten der Produktinformation des jeweiligen Medikaments zu unnötigem Leid des Tieres führen. Auch wenn die

Tiermedizinische Fachangestellte hierbei wenig Entscheidungsgewalt hat, ist es wichtig, Risiken und Nebenwirkungen der jeweiligen Durchführung zu kennen, um auf alles vorbereitet zu sein. Auch die richtige Beratung des Tierhalters vor und während der Euthanasie spielt eine entscheidende Rolle.

Aktuell gibt es in der deutschen Veterinärmedizin elf zugelassene Pentobarbital-haltige Tierarzneimittel für die Euthanasie von Groß- und Kleintieren, von denen zurzeit folgende fünf Präparate im Handel verfügbar sind (VETIDATA 2019):

- Euthadorm® 500 mg/ml(CP Pharma GmbH, Burgdorf, D)
- Narcoren® (Merial GmbH, Hallbergmoos, D)
- Narkodorm® (CP Pharma GmbH, Burgdorf, D)
- Release® 300 mg/ml (WDT eG, Garbsen, D)
- Release® 500 mg/ml (WDT eG, Garbsen, D)

Die Verwendung von Pentobarbital gilt als eine der schonendsten und sichersten Methoden zur Euthanasie von Groß- und Kleintieren. Allerdings muss beachtet werden, dass dieser Wirkstoff keine analgetische Eigenwirkung besitzt. Somit tritt auch erst nach der Bewusstlosigkeit eine Schmerzunempfindlichkeit beim Tier ein. Bei Vögeln und Reptilien sind nur vier der fünf Pentobarbital-haltigen Präparate zugelassen, daher sollten immer die Zieltierarten und Produkthinweise auf der Packungsbeilage beachtet werden.

EXKURS

Pentobarbital ist ein mittellang wirkendes Barbiturat, welches den Chloridioneneinstrom verstärkt, was zu einer Reduktion der neuronalen Erregbarkeit führt. Bei Überdosierung kommt es zunächst zur Ausschaltung der Großhirnrinde und damit zu einem Bewusstseinsverlust. Anschließend folgt die Lähmung tieferer Hirnstrukturen mit Pupillenstarre sowie Atem- und Herzstillstand. Pentobarbital darf nicht bei Tieren eingesetzt werden, die zur Gewinnung von Lebensmitteln dienen.

Bei anderen zugelassenen Euthanasiepräparaten, beispielsweise T 61® (Intervet Deutschland GmbH, Unterschleißheim, D), berichten Tierärzte und Tierhalter immer wieder von unangenehmen Zwischenfällen während der Euthanasie. Dazu gehören laute Schmerzäußerungen, Krampfanfälle, Atemnot, Fluchtversuche und das Aufbäumen des ganzen Tierkörpers über Minuten. Seit November 2010 ist eine Verabreichung von T 61® daher nur bei bereits narkotisierten Tieren zugelassen. Der Einsatz bei tragenden Tieren ist nicht erlaubt.

1.4.4 Ablauf der Euthanasie

Laut deutschem Tierschutzgesetz ist vor der Tötung eines Wirbeltieres eine Betäubung vorgeschrieben (TierSchG 2006). Lediglich bei der intravenösen Verabreichung des Medikaments liegt die Betäubung im Ermessen des Tierarztes. Die Erfahrung zeigt aber, dass auch hierbei eine angemessen tiefe Sedierung für eine friedliche Euthanasie erfolgen sollte. Es ist jedoch zu beachten, dass durch eine Sedierung der Wirkungseintritt verlangsamt ist und eine höhere Dosierung erforderlich wird. Die intravenöse Applikation in Zusammenhang mit einer vorherigen Sedierung ist das ideale Vorgehen bei einer Euthanasie. Besonders bei sehr ängstlichen oder abwehrbereiten Hunden ist diese Art der Euthanasie zu empfehlen. Die Anwesenheit des Tierhalters kann für Hunde in dieser Situation entscheidend sein, da sie eine starke Bindung zu ihrer Bezugsperson aufbauen können und diese dann Halt und Sicherheit vermittelt.

Sollte eine intravenöse Injektion nicht möglich sein, kann das Medikament nach Sedierung auch intrakardial verabreicht werden (Kirsch, Palm und Wedel 2016).

Ist eine intrakardiale Injektion nicht durchführbar, kann Pentobarbital ebenfalls intraperitoneal verabreicht werden. Für aggressive oder schwer einzuschätzende Katzen ist diese Art der Injektion oft die stressfreiste Methode. Zu beachten ist allerdings, dass der Wirkungseintritt des Medikaments nach einer intraperitonealen Injektion deutlich langsamer ist.

Auch bei Tieren mit geringem Blutdruck, bei denen es fast unmöglich ist, ein Blutgefäß schmerzfrei zu treffen, kann die intraperitoneale Applikation eine sanfte Möglichkeit darstellen. Gerade bei Nagetieren wird diese Variante daher oft gewählt.

> **DEFINITION**
> intravenös = in die Vene
> intrakardial = in das Herz
> intraperitoneal = in den Bauchraum

Auch Inhalationsnarkotika wie Halothan, Isofluran, Enfluran oder Sevofluran können unter Umständen für die Euthanasie in Narkosekäfigen für sehr kleine Tiere geeignet sein. Hierbei verstirbt das Tier in einer tiefen Sedierung langsam durch Hypoxie.

Beim Kleintier (Hund, Katze) muss die intravenöse Applikation des Euthanasiepräparats gleichmäßig bis zum Eintritt der Bewusstlosigkeit nach zirka 30 Sekunden verabreicht werden. Die letzte Dosis sollte dann recht zügig gegeben werden. Bei Pferd und Rind wird eine Sturzinjektion unter Druck empfohlen.

Bei einer intravenösen Injektion kommt es zuerst zur Ausschaltung der Großhirnrinde mit Bewusstseinsverlust, danach folgt die Lähmung tieferer Hirnstrukturen mit Pupillenstarre sowie Atem- und Herzstillstand.

Zu beachten ist, dass der Herzstillstand bei allen Tieren innerhalb von zwei Minuten eintreten sollte. Verzögert sich dies, sollte sowohl zum Wohl des Tieres als auch zum Schutz des Trauerprozesses des Tierhalters, eine zweite Dosis verabreicht werden.

KRITERIEN FÜR DIE WAHL EINER EUTHANASIEMETHODE

- Schmerzlosigkeit
- erforderliche Zeit bis zum Verlust des Bewusstseins
- erforderliche Zeit bis zum Eintritt des Todes
- Zuverlässigkeit
- Sicherheit des Personals
- Minimierung unerwünschten psychologischen Stresses für das Tier
- Irreversibilität
- Kompatibilität mit der Anforderung und dem Verwendungszweck (Spezies oder Rasse, Wildtier oder domestiziertes Tier, Anzahl der Tiere)
- Emotionale Auswirkungen auf Beobachtende und Ausführende
- Ökonomie
- Vereinbarkeit mit der histopathologischen Untersuchung
- Beschaffbarkeit und Missbrauchspotenzial der Droge (AVMA 2013)

1.4.5 Nach der Euthanasie

Stellt der Tierarzt den klinischen Tod des Tieres fest, bedeutet das, dass die Atem- und Kreislauffunktion erloschen ist. Durch den fehlenden Sauerstofftransport kommt es dabei zum Absterben der Körperzellen. Allerdings bleiben die Muskelzellen noch einige Zeit funktionstüchtig, wodurch es zu Muskelzuckungen kommen kann. Aus demselben Grund können auch Zwerchfellkontraktionen auftreten, die ein letztes „tiefes Einatmen" simulieren. Nach dem Tod entspannen sich alle Muskeln des Tieres, darunter auch die Schließmuskeln, wodurch sich Kot und Harn entleeren können. Auch Ausfluss aus der Nase ist möglich. Die

Augen bleiben nach dem Tod des Tieres immer geöffnet und es ist auch fast unmöglich sie zu schließen. Diese Reaktionen sollten unbedingt vorab mit dem Tierhalter besprochen werden, damit er bestmöglich auf die Situation vorbereitet ist. Andernfalls wird der Tierhalter in dieser schweren Situation zusätzlich verunsichert.

Kurze Zeit nach Todeseintritt ziehen sich die Sehnen des Tieres zusammen, wodurch es alle Gliedmaßen anzieht. Dies erweckt den Eindruck, als würde es sich in einer schlafenden Position befinden. Bei Hunden und Katzen eignet sich dieser biologische Effekt gut, um sie in eine friedliche „Körbchenposition“ zu legen. Da das verstorbene Tier nicht sofort steif wird, sondern dies erst zeitverzögert nach ca. 30 Minuten durch den langsamen Verlust der Körpertemperatur entsteht, ist in diesem Zeitraum eine sanfte Positionierung des Tierkörpers problemlos möglich. Setzt die Leichenstarre allerdings erst einmal ein, kann man das Tier kaum noch bewegen oder für eine Aufbahrung anders hinlegen.

1.5 Kommunikation im Team

Während ein Tierarzt meist erst auf das akute Problem mit der Euthanasie des Tieres reagiert, kommt die Tiermedizinische Fachangestellte in der Regel schon viel früher mit dem bevorstehenden Tod des Tieres in Berührung. Sie ist es, die telefonische Anfragen zur Euthanasie entgegennimmt, bei Laborarbeiten Befunde zur unheilbaren Krankheit liefert oder den Tierhalter an der Anmeldung betreut. So ist die Tiermedizinische Fachangestellte viel häufiger der erste Ansprechpartner für den emotionalen Tierhalter, was ein Wechselbad der Gefühle auslösen kann.

In dem festen Glauben, Tieren durch gute Arbeit und viel Aufopferung und Einsatz helfen zu können, haben Tiermedizinische Fachangestellte diesen Beruf gewählt. Und doch finden sie sich oft bei der Assistenz während einer Euthanasie wieder. Dieser innere Konflikt kann zusätzlich zum Berufsstress Einfluss auf das Wohlbefinden nehmen, da es oft als ein persönliches Versagen wahrgenommen wird. Viele Wissenschaftler nennen die Euthanasie von Tieren in der Veterinärmedizin daher als Hauptgrund für Burnout beim Praxispersonal.

Dabei sollte ein Praxisteam im gleichen Maße darauf vorbereitet sein, Leben zu retten, wie für trauernde Tierhalter zu sorgen. Auch hier kann die richtige Kommunikation im Team die Situation massiv entschärfen. Als hilfreich haben sich folgende Schritte erwiesen:

- Erstellen einer **Checkliste**, die den Ablauf während einer Euthanasie festlegt (▶ Praxistipp „Checkliste Euthanasie“). Sie vermittelt Sicherheit und hilft, sich nicht zu sehr von der emotionalen Situation treffen zu lassen, da man eine klare Aufgabe vor sich hat.
- Entweder eine Tiermedizinische Fachangestellte als **feste Ansprechpartnerin beim Thema Euthanasie und Tierbestattung** auswählen, die sich freiwillig dafür bereit erklärt und sich regelmäßig in dieser Thematik weiterbildet, oder alle Tiermedizinischen Fachangestellten gleichmäßig rotierend zur Behandlungsassistenz bei einer Euthanasie einsetzen.
- Auszubildende und neue Mitarbeiter sollten **behutsam in das Assistieren während einer Euthanasie herangeführt** werden und selbst bestimmen dürfen, wann sie sich bereit dafür fühlen, diese Aufgabe zu übernehmen. Viele Berufsschulen bieten speziell zum Thema Euthanasie in der Kleintierpraxis bereits effektive Rollenspiele an, die verschiedene Extremfälle im Rahmen einer Euthanasie simulieren.
- Zulassen von Stolz. Betreuen Tiermedizinische Fachangestellte den Tierhalter während einer Euthanasie erfolgreich und behandeln sie das Tier mit Würde, sollte dies eine wachsende und lohnende Erfahrung sein, die durchaus **vom Team gelobt** werden muss.
- Euthanasie in einer **wöchentlichen Teamsitzung** thematisieren und Gefühlen Luft machen, Ideen vorbringen und Erfahrungen weitergeben. Für viele Menschen ist es wesentlich leichter mit einer schweren Situation umzugehen, wenn sie erkennen, dass andere Menschen genauso fühlen. Dies kann auch im Rahmen der Berufsschulen während der Ausbildung stattfinden. Das Verständnis des Teams erleichtert den Stress, fördert den Teamgeist und führt somit zu einem höheren Maß an Zufriedenheit.

PRAXISTIPP

Checkliste Euthanasie

Am Telefon klären

- Wie ist der Zustand des Tieres?
- Können Tierhalter und Tier in die Praxis kommen oder ist ein Hausbesuch gewünscht?
- Wird beim Eintreffen Hilfe für den Transport des Tieres in die Praxis benötigt?
- Einen zeitnahen Termin zum Ende der Sprechstunde vereinbaren.

Beim Eintreffen des Tierhalters klären

- Möchte der Tierhalter bei der Euthanasie im Raum sein?
- Welche Bestattung wünscht der Tierhalter für sein Tier?
- Hat der Tierhalter Hilfsmittel, wie eine Decke oder einen Korb dabei, wenn er das Tier verstorbene Tier wieder mitnehmen möchte?
- Möchten sich noch andere Familienmitglieder von dem Tier verabschieden?
- Muss ein Tierbestattungsunternehmen angerufen werden?
- Wann soll die Rechnung beglichen werden? (Vor oder nach der Euthanasie in der Praxis? Rechnungsversand per Post?)

Nach der Euthanasie klären

- Wenn das Tier in der Praxis bleibt: Möchte der Tierhalter dem Tier noch etwas mit auf den Weg geben? Halsband, Kuscheltier etc.
- Wird eine tierärztliche Todesbescheinigung (Totenschein) für die Versicherung benötigt?
- Ist der Tierhalter in der Lage, Auto zu fahren?

2 Bestattungsmöglichkeiten

2.1 Die Geschichte der Tierbestattung

In der ferneren Vergangenheit gab es andere Gründe ein Tier zu bestatten, als dies heute der Fall ist. Nach heutigem Wissensstand gibt es seit ca. 12.000 Jahren eine Bestattung von Tieren. In Israel wurde dabei ein Tier einem Menschen als Grabbeilage mitgegeben. Vor 10.000 Jahren gab es in Zypern die erste nachgewiesene Bestattung einer Katze. In dieser Zeit gab es in der Region bereits Katzen als Haustiere. Im antiken Ägypten hat die Tierbestattung dann ihren Höhepunkt erreicht. Nach aufwendiger Vorbereitung wurden als heilig geltende Tiere wie Katzen und Falken rituell bestattet (Hornig 1993).

In Europa geht man beim Thema Tierbestattung weit weniger lange in der Zeit zurück. Im frühen Mittelalter gab es eine gemeinsame Bestattung von wohlhabenden Menschen mit ihren Pferden und Hunden. Später wurden dann auch Tiere ohne menschliche Begleitung beigesetzt. Im Landkreis Lüneburg gibt es beispielsweise ein Gräberfeld mit 42 Pferdegräbern (Müller-Wille 1970/1971). In der heutigen Zeit hat die Tierbestattung einen sehr emotionalen Hintergrund für die Menschen. Für viele Tierhalter ist es undenkbar, ihr Tier zu „entsorgen“. Aus diesem Grund wird viel für einen emotionalen und würdevollen Abschied getan. Das Gedenken rund um das Tier steht dabei im Vordergrund. Die Bandbreite der Angebote hat sich in den letzten gut 20 Jahren stark entwickelt. Die häufigsten Bestattungsformen sowie eine Möglichkeit der Bewertung der verschiedenen Bestattungsartenmöchten wir in diesem Kapitel vorstellen. Um einen trauernden Tierhalter umfassend und gut beraten zu können, muss ein Wissen um die Möglichkeiten und Unterschiede der einzelnen Möglichkeiten vorhanden sein.

2.2 Die häufigsten Bestattungsformen

Um Ihnen einen schnellen Überblick über die Vor- und Nachteile der einzelnen, nachfolgend dargestellten Bestattungsformen bieten zu können, empfehlen wir eine **Bewertungstabelle**. Diese unterteilt sieben wichtige Bewertungskriterien und nennt die Wertigkeit durch fünf mögliche Einstufungen. Mehrfachnennungen sind hier natürlich möglich, da bei verschiedenen Formen auch unterschiedlich stark ausgeprägte Ausführungen der Bestattung möglich sind (▶ Tab. 2-1). Wenn Tierhalter Ihnen erklären, was ihnen besonders wichtig ist, können Sie eine sehr genaue Beratung durchführen. Sollte sich der Tierhalter noch keine Gedanken zum Verbleib des Tieres gemacht haben, können Sie

Tab. 2-1 Muster für eine Bewertungstabelle

	Sehr gering	Gering	Mittel	Hoch	Sehr hoch
Würde					
Sicherheit					
Beständigkeit					
Flexibilität					
Aufwand					
Kosten					
Beratungsintensität					

die sieben einzelnen Kriterien mit dem Tierhalter besprechen und so die passende(n) Lösung(en) anbieten bzw. empfehlen.

Fragen Sie einfach nach: „Welche Wünsche haben Sie“?

Gibt es seitens der Tierarztpraxis bereits eine Empfehlung für eine Bestattungsform, kann man sie ebenfalls mithilfe der Tabelle prüfen. Sollte es seitens Ihrer Praxis oder Klinik noch keine Empfehlung geben, kann die Tabelle zur Findung einer solchen beitragen.

2.2.1 Bestattung im eigenen Garten

Zur Bestattung im eigenen Garten (▶ Tab. 2-2) gehört für den Tierhalter eine Recherche über die Rechtslage. Die Einschränkungen für diese Form der Bestattung sind von Gebiet zu Gebiet sehr unterschiedlich. Es gelten beispielsweise verschiedene Vorschriften zur Bestattungstiefe, zur maximalen Größe der zu bestattenden Tiere oder zur Einhaltung von Abständen zu Nachbargrundstücken oder öffentlichen Wegen. Was man sicher sagen kann: Die Bestattung in Wasserschutz- oder Naturschutzgebieten ist verboten. Sichere Aussagen zum möglichen Rahmen der Bestattung erhält man bei der örtlichen Gemeindeverwaltung. Um Änderungen der gesetzlichen Rahmenbedingungen nicht zu verpassen,

Tab. 2-2 Bewertungstabelle für die Bestattung im eigenen Garten

	Sehr gering	Gering	Mittel	Hoch	Sehr hoch
Würde	X	X	X	X	X
Sicherheit					X
Beständigkeit	X	X	X	X	X
Flexibilität	X	X			
Aufwand			X	X	X
Kosten	X	X	X	X	X
Beratungsintensität				X	

empfiehlt es sich, für jede Bestattung eine neue Anfrage zu stellen. Diese Empfehlung sollte auch das tierärztliche Team herausgeben. Natürlich kann die Information auch vom Team eingeholt werden, man sollte dabei aber nur sichere Angaben weitergeben. Eine Aussage wie „das hat unser Nachbar auch gemacht“ ist keine rechtsgültige und verlässliche Information.

Bewertung der Angaben in der Tabelle 2-2

Die Ausrichtung dieser Bestattung kann sehr individuell und somit auch würdevoll gestaltet werden. So besteht die Chance, auch Kinder in eine geplante Zeremonie einzubinden und ihnen dabei einen guten, verständlichen und einfachen Abschied zu ermöglichen (▶Abb. 2-1). Kosten fallen hier üblicherweise nur an, wenn man für die Gestaltung der Grabstelle besondere Wünsche hat, die das eigene kreative oder heimwerkliche Geschick übersteigen. Zu diesem Thema finden sich im Internet passende Shops und Anbieter (Suchbegriffe: Grabschmuck für Tiere, Tiergrab gestalten etc.).

Abb. 2-1 Eine Gartenbestattung kann sehr individuell gestaltet werden und hilft insbesondere Kindern beim Abschiednehmen von einem geliebten Tier

Auch falls gesetzliche Regelungen fehlen sollten, ist bei der Beisetzung im eigenen Garten eine Mindestbestattungstiefe zu beachten, damit das Grab von anderen Tieren nicht wieder freigelegt werden kann. Eine Deckschicht von mindestens 50 cm ist hierfür nötig.

Fühlt man sich dem Ausheben eines Grabes körperlich oder gefühlsmäßig nicht gewachsen, kann bei Tierbestattern oder bei Gartenbaufirmen nach kostenpflichtiger Hilfe angefragt werden. Vielleicht findet man aber auch im privaten Umfeld oder der Nachbarschaft die notwendige Unterstützung. Sofern das Grundstück, auf dem die Beisetzung stattfinden soll, nur gemietet ist, ist es empfehlenswert, im Vorfeld eine Erlaubnis des Vermieters einzuholen. Darüber hinaus sollten die Tierbesitzer abklären, ob das Grundstück dauerhaft zur Verfügung steht. Man stelle sich vor, der Nachmieter legt nach dem eigenen Auszug rund um die Grabstelle einen Gartenteich an.

Sollte es Änderungen bezüglich des Wohnortes oder andere Bestattungswünschen geben, ist eine Freilegung des Tierkörpers möglich. Es muss dabei aber beachtet werden, dass der bestattete Tierkörper einem natürlichen Verfall unterworfen ist. Wenn dieser Wunsch besteht, ist eine Anfrage bei einem Tierbestatter oder einem Krematorium zu empfehlen. Hier gibt es üblicherweise entsprechende Erfahrungen. So ist die Beisetzung auf einem Tierfriedhof oder eine Einäscherung als dauerhafte Bestattungslösung ohne großen weiteren Aufwand zu erreichen. Die eigene Emotionalität wird den Tierhaltern sicher den richtigen Weg aufzeigen.

2.2.2 Bestattung auf einem Tierfriedhof

Mittlerweile gibt es in vielen Regionen Deutschlands Tierfriedhöfe, auf denen die Bestattung von Haustieren oder von Urnen mit tierischer Asche möglich ist (▶ Tab. 2-3). Die Anzahl liegt derzeit bei zirka 120 bis 150 Tierfriedhöfen. Unter www.tierbestatter-bundesverband.de oder www.animals-digital.de/tiere/tierfriedhof/ findet man einige Ansprechpartner. Alternativ bietet sich für die eigene Region eine zusätzliche Internetrecherche an.

Tab. 2-3 Bewertungstabelle für die Bestattung auf einem Tierfriedhof

	Sehr gering	Gering	Mittel	Hoch	Sehr hoch
Würde			X	X	X
Sicherheit				X	X
Beständigkeit			X	X	X
Flexibilität			X		
Aufwand		X	X		
Kosten			X	X	X
Beratungsintensität			X	X	

Eine ähnliche Art der Beisetzung bieten Friedwälder für Tiere an (▶ Kap. 2.2.6). Auch hier können sowohl Tierkörper, als auch Urnen mit tierischer Asche begraben werden. Die unabhängigen Tierbestatter können hier ebenfalls als Dienstleister genutzt werden, da es vielerorts Kooperationen zwischen Tierbestattern und Tierfriedhöfen gibt. Im Normalfall übernehmen die Tierfriedhöfe jedoch alle erforderlichen Vorbereitungen für ihre Kunden. Dazu gehört neben der Beisetzung auch die Abholung der verstorbenen Tiere.

Bewertung der Angaben in der Tabelle 2-3

Hier gilt es zu beachten, dass im Vorfeld eine feste Belegungszeit vereinbart wird, für die eine Gebühr zu entrichten ist. Diese Belegungszeit liegt zu Beginn in der Regel zwischen drei und fünf Jahren. Für eine längere Zeit wird bei den meisten Betreibern eine erneute Zahlung berechnet. Ein weiterer Punkt, über den man sich Gedanken machen sollte, ist die Gestaltung des Grabes. Auf den meisten Tierfriedhöfen gibt es dazu feste Regeln. Hat man alles Bedenkenswerte erfasst, erhält man einen klaren Kostenrahmen für diese Form der Bestattung. Ähnlich wie auf den Humanfriedhöfen sollte eine regelmäßige Pflege der Grabstelle zeitlich und finanziell eingeplant werden.

Eine individuelle Gestaltung einer Trauerfeier ist vielerorts möglich und wird mitunter vom Betreiber direkt angeboten. Auf Anfrage und nach Rücksprache kann man eine Zeremonie auch selbst gestalten. So ist ein Abschied gut erlebbar und kann im Nachgang eine selbstbestimmte Trauerarbeit unterstützen.

Da es vorkommen kann, dass Tierfriedhöfe verkauft, übergeben oder aufgegeben werden, sollte man sich auch über die Beständigkeit der Anlage mit den Anbietern austauschen. Eine Umbettung auf einen anderen Tierfriedhof oder die Übergabe der sterblichen Überreste des Tieres an ein Krematorium können schnell zu einer emotionalen und organisatorischen Belastung werden. Die Friedhofsbetreiber geben in der Regel gerne Auskunft.

2.2.3 Bestattung in einem Kleintierkrematorium

In diesem Bestattungszweig hat sich in den letzten Jahren sicher am meisten getan. Gab es im Jahr 2002 erst zwei dieser Anlagen, so sind heute fast dreißig Kremierungsanlagen verschiedener Größe im Betrieb. In fast jedem Bundesland kann man sein Tier in einem Kleintierkrematorium einäschern lassen. Das Kleintierkrematorium Im Rosengarten GmbH und die Firma Anubis bieten ergänzend dazu ein Netz von Filialen bzw. Tierbestattungspartnern an, die alle vorbereitenden Dienstleistungen, wie die Abholung und Überführung der verstorbenen Tiere und die Betreuung der trauernden Tierhalter, übernehmen. Dabei unterscheiden sich die Unternehmen vor allem darin, das auf der einen Seite die Betreuung der Tierhalter und der tierärztlichen Praxen und Kliniken von Angestellten des Unternehmens vorgenommen wird (Rosengarten), während sich im anderen Fall selbstständige Unternehmer in Form eines Franchisevertrages an eine Gruppe gebunden haben (Anubis).

Die weitere Entwicklung dieser Bestattungsform hat dazu geführt, dass mehrere Unternehmen bereits mehr als einen Kremierungsstandort betreiben.

Die meisten Krematorien unterscheiden zwei verschiedene Einäscherungsformen:

Abb. 2-2 Bei einer Einzeleinäscherung nimmt der Tierhalter die Urne seines Haustieres mit nach Hause

1. Es gibt die **Einzeleinäscherung**, bei der die Rückgabe der Asche des Tieres in einer Urne an den Tierhalter möglich ist. Die Urne mit der Tierasche darf mit nach Hause genommen werden, da es für die Asche von Tieren keine Beisetzungspflicht gibt (► Abb. 2-2).
2. Bei der zweiten Variante werden in einer **Sammeleinäscherung** mehrere Tiere gleichzeitig eingeäschert. Die hieraus entstehende Asche wird üblicherweise auf separaten Flächen in der Nähe der Krematorien ausgestreut.

Beim Unternehmen Rosengarten unterteilt sich die Sammeleinäscherung zusätzlich in zwei verschiedene Arten der Kremierung. Hier unterscheidet man zwischen der Gemeinschaftskremierung und der Basiskremierung:

1. Die **Gemeinschaftskremierung** bietet weitere Gestaltungsmöglichkeiten und das Ausstreuen der Asche an den Tiergedenkstätten

Abb. 2-3 Bei einer Gemeinschaftskremierung kann die Asche des Tieres auf einer Gedenkstätte ausgestreut werden

der Krematorien des Anbieters. Diese Ausstreuorte bieten auch andere Krematorien auf Ihren Grundstücken an (▶ Abb. 2-3).

2. Die einfachere **Basiskremierung** bietet einen weiteren, kostengünstigeren Weg, sein Tier einzuäschern. Die Asche wird hier nur auf Naturflächen ausgestreut. Genutzt wird diese Form der Kremierung, wenn die Tierhalter keine besonderen Wünsche an die Bestattung haben und/oder eine würdevolle Alternative zur Tierkörperbeseitigung suchen. Auch für Tierhalter mit begrenzten finanziellen Möglichkeiten ist dies eine gute Alternative.

Ergänzend zu den direkten Dienstleistungen der Krematorien (▶ Tab. 2-4) kann man auch bei einem Tierbestatter eine Kremierung in Auftrag geben. Viele Bestatter arbeiten mit einem Krematorium zusammen bzw. beauftragen dieses mit der Kremierung. Das ausführende Krematorium kann beim Tierbestatter erfragt werden, so sind dort in einem gewissen Maße auch direkte Nachfragen möglich. Zusätzlich

Tab. 2-4 Bewertungstabelle für die Bestattung in einem Kleintierkrematorium

	Sehr gering	Gering	Mittel	Hoch	Sehr hoch
Würde				X	X
Sicherheit				X	X
Beständigkeit				X	X
Flexibilität					X
Aufwand	X	X			
Kosten			X	X	X
Beratungsintensität			X	X	

haben kritische Tierhalter die Möglichkeit, die Krematorien und deren Abläufe durch Internetrecherche besser und näher kennenzulernen.

Bewertung der Angaben in der Tabelle 2-4

Durch die Vielfalt der Möglichkeiten gibt es bei der Einäscherung von Haustieren eine große Preisspanne. Diese bewegt sich je nach Anbieter und Form der Kremierung zwischen unter 30,- Euro bis zu mehr als 400,- Euro. Die Abholung und Überführung der verstorbenen Tiere sowie Urnen und Erinnerungsschmuckstücke müssen hier noch extra berechnet werden. Einige Krematorien bieten Tierhaltern daher die Möglichkeit an, bereits im Vorfeld den Betrag für die Bestattungswünsche anzusparen.

Wer sich besondere Sicherheit und Transparenz wünscht, entscheidet sich für ein Unternehmen, welches sich und seine Dienstleistungen/Abläufe extern, z. B. durch die DEKRA oder den TÜV, überprüfen lässt. Eine weitere Möglichkeit der zusätzlichen Sicherheit ist das Beiwohnen bei der Einäscherung des eigenen Tieres. Hierfür bieten die Krematorien spezielle Räumlichkeiten für trauernde Tierhalter an. Darüber hinaus gibt es vielerorts das Angebot, sich die Aufgabe des Tierkörpers in den

Kremierungsofen ansehen zu können. Mehr Transparenz kann man sich eigentlich nicht wünschen.

Durch den verbreiteten Service, die Tiere aus den Praxen abzuholen, sowie die Überführung ins Krematorium mit zu organisieren, ist diese Form der Bestattung ohne großen eigenen Aufwand möglich. Auf Wunsch können trauernde Tierhalter die Überführung selbst gestalten und vornehmen.

Was der einzelne Tierhalter mit der Urne, die die Asche seines Tieres enthält, macht, steht ihm völlig frei. Der Eine stellt sie auf ein Bücherregal, der Andere gestaltet eine kleine Gedenkecke mit Urne und Foto. Für die Bestattung der Urne im eigenen Garten gibt es spezielle Erdbestattungsurnen. Diese vergehen mit der Zeit im Erdreich. Wichtig ist hierbei, dass die Asche in einem vergänglichen Beutel in die Urne gegeben wird. Die Regeln für die Bestattung eines Tierkörpers gelten hier nicht.

Die Beisetzung der Asche in der Luft und im Wasser ist ebenfalls eine recht beliebte Methode. Für die Luftbestattung wird beispielsweise ein Heißluftballon genutzt. Die Asche wird während des Fluges über einer bestimmten Stelle ausgestreut. Für eine Beisetzung der Asche auf See gibt es mittlerweile mehrere Firmen, die diese Dienstleistung an Nord- und Ostsee anbieten. Erkundigen Sie sich bei Ihren Ansprechpartnern im Krematorium nach diesen besonderen Bestattungsformen. Dabei sollten die zusätzlichen Kosten erfragt werden, da diese separat von den zuarbeitenden Dienstleistern berechnet werden.

Wer etwas ganz Besonderes machen möchte, kann die Asche seines Lieblings auch in befüllbare Medaillons oder Glasperlen einarbeiten lassen (▶ Abb. 2-4). Für den größeren Geldbeutel gibt es noch die Herstellung eines Edelsteins aus der Asche des Tieres. Die Mitarbeiter der Krematorien bieten zu den Möglichkeiten und Kosten eine genaue Beratung an.

Abb. 2-4 In Form einer Perle kann man die Asche seines Tieres ständig bei sich tragen

2.2.4 Bestattung auf einem Mensch-Tier-Friedhof

Diese Form der Bestattung von Tieren ist noch sehr neu und nicht weit verbreitet. Von vielen Menschen und Betreibern von Humanfriedhöfen wird die gemeinsame Bestattung der Aschen von Menschen und Tieren in einer Grabstelle nicht akzeptiert. Die Kritiker argumentieren, dass die Tiere den Menschen bei dieser Form der Bestattung gleichgestellt werden. Angesichts solcher Bedenken im Umfeld ist die Eröffnung eines Mensch-Tier-Friedhofs nicht leicht. Aktuell gibt es nur eine verlässliche Bestattungsfläche auf der die Aschen von Mensch und Tier nachhaltig zusammen bestattet werden können. Diese wird von der Firma „Unser Hafen" in Dachsenhausen in Rheinland-Pfalz betrieben (www.unser-hafen.de, ▶Abb. 2-5).

Abb. 2-5 Auf einem Mensch-Tier-Friedhof können Menschen gemeinsam mit ihrem Haustier bestattet werden

Tab. 2-5 Bewertungstabelle für die Bestattung auf einem Mensch-Tier-Friedhof

	Sehr gering	Gering	Mittel	Hoch	Sehr hoch
Würde				X	X
Sicherheit				X	X
Beständigkeit				X	X
Flexibilität		X			
Aufwand	X	X			
Kosten					X
Beratungsintensität				X	X

Die Wünsche vieler Tierhalter und die damit verbundene steigende Nachfrage zeigen aber, dass dies eine kommende Alternative sein kann. Gerade alleinstehende Menschen, die ihr Leben bis zuletzt mit ihren Tieren teilen, sind für diese Form der gemeinsamen Bestattung empfänglich. Andere möchten ihren Hinterbliebenen die Arbeit mit der Grabstelle ersparen und sprechen bereits im Vorfeld alle Details mit dem Betreiber ab (▶ Tab. 2-5). Die Pflege der Grabstelle kann ebenfalls direkt mit beauftragt werden. Tierhalter können zwischen zwei Grabvarianten wählen und diese im Vorfeld mit Ihrem Humanbestatter abstimmen:

1. **Das Freundschaftsgrab**:
   - Kosten von ca. 69,– € pro Jahr
   - bis zu 6 Urnen pro Grab
   - Grabpflege inklusive
2. **Das Familiengrab:**
   - Kosten von ca. 92,– € pro Jahr
   - bis zu 12 Urnen pro Grab
   - individuelle Grabgestaltung
   - Platz auf dem Friedhof frei wählbar

(Stand November 2018)

Bewertung der Angaben in der Tabelle 2-5

Als erste Einschränkung muss man auf die Vorschrift hinweisen, dass sowohl Mensch wie auch Tier nur in Form von Asche in einer Erdbestattungsurne beigesetzt werden dürfen. Die Bestattung von Körpern in einem Grab ist nicht zulässig.

Die Kosten sind die höchsten von allen hier vorgestellten Bestattungsformen. Bereits die Bereitstellung einer solchen Grabstelle bewegt sich in einem deutlich vierstelligen Rahmen. Sie betragen aktuell zwischen 1380,- Euro und 2300,- Euro. Hinzu kommen bei jeder weiteren Beisetzung einer neuen Urne weitere Kosten für Öffnen und Verschließen der Grabstelle. Die Beträge schlagen mit 280,- Euro bis 330,- Euro zu Buche. Die Kosten für die Einäscherung von Mensch und Tier sind in diesen Zahlen ausdrücklich nicht enthalten. Zu beachten ist zusätzlich, dass es eine maximale Liegezeit gibt. Wenn diese Zeit abgelaufen ist, kann die Grabstelle neu vergeben werden. Anders als bei den Tierfriedhöfen bewegen sich diese Zeiten im Bereich von 25–40 Jahren.

2.2.5 Tierkörperbeseitigung

Im Volksmund häufig noch als „Abdeckerei" bezeichnet, ist dieser letzte Weg für verstorbene Tiere noch ein normaler Standard (▸ Tab. 2-6). Wenn Tiere nach der Euthanasie beim Tierarzt gelassen werden, hat dieser nur begrenzte Möglichkeiten, das Tier abzugeben. Er muss zwischen Würde und angemessener finanzieller Belastung für den Tierhalter abwägen.

Vielerorts ist die Entsorgung über die Tierkörperbeseitigung die günstigste Variante. Alle oben beschriebenen Möglichkeiten stehen dem Tierhalter dennoch frei. Aus diesem Grund ist eine vernünftige Aufklärung und Beratung sehr wichtig. Neben den einzelnen Varianten der Bestattungsalternativen gilt das insbesondere auch für den Ablauf in einer Tierkörperbeseitigung. Auch wenn es schönere Themen gibt, bekommt der Tierhalter diese Informationen besser direkt von Ihnen, als später über eine Onlinerecherche. Zum Alltag einer Praxis oder Klinik gehört natürlich auch der Tod von Tieren und somit eine „Entsorgung" von verstorbenen Haustieren, sofern die Tierhalter keine weiteren Wünsche haben.

Der Ablauf der Übergabe seitens der Praxis oder Klinik an die abholenden Unternehmen wird häufig von den Entsorgern bestimmt. Mal ist es die Sammeltonne, mal sind es unverpackte Tiere und mal sind es Tiere in gefrorenen beziehungsweise gekühlten Beuteln.

Im Rahmen der Tierkörperverwertung findet eine industrielle Weiterverarbeitung der toten Tierkörper statt. Eine komplette Verbrennung der Tiere ist nicht vorgesehen. Hinzu kommt, dass neben den verstorbenen Haustieren auch Großtierkadaver und Schlachtabfälle mit in den Ablauf der Verwertung kommen.

Um die einzelnen „Rohstoffe" gewinnen zu können, werden die angelieferten Materialien im sogenannten „Brecher" auf 25–50 mm zerkleinert. Nachdem Fremdteile wie Metalle aussortiert wurden, beginnt der wichtigste Arbeitsschritt im Verarbeitungsprozess. In den Sterilisatoren wird das zerkleinerte Material bei 133 °C unter 3 bar Druck für ca. 20 Minuten erhitzt. Hierbei werden nach heutigem Wissensstand alle Bakterien, Viren und sonstigen Erreger abgetötet. Der sterilisierte Fleischbrei wird anschließend in Fette und Restmaterialien (später Tiermehl) aufgeteilt. Die Fette werden so aufbereitet, dass sie

Tab. 2-6 Bewertungstabelle für die Entsorgung in der Tierkörperbeseitigung

	Ohne	Sehr gering	Mittel	Hoch	Sehr hoch
Würde	X				
Sicherheit					
Beständigkeit					
Flexibilität	X				
Aufwand	X	X			
Kosten		X			
Beratungsintensität		X			

als Energieträger (Biodiesel, Brennstoff in den Anlagen der Tierkörperbeseitigungen etc.) verwendet werden können. Die durch Trocknung aus den Reststoffen gewonnenen Tiermehle können später beispielsweise auch als Brennstoff oder im Straßenbau Verwendung finden. Zur Weiterverwendung von Kadavern gibt es verschiedene Produktionsverfahren, die aber ähnliche Ergebnisse liefern. Wer es genauer wissen möchte, kann sich bei seinem örtlichen Unternehmen oder im Internet informieren, z. B. unter www.secanim.de oder www.schaap-gmbh.de.

Bewertung der Angaben in der Tabelle 2-6

Durch den oben beschriebenen Ablauf ist bereits zu erkennen, dass die Tierhalter keinen Einfluss auf die Geschehnisse haben und somit auch die Würde des verstorbenen Tieres auf der Strecke bleibt. Je nach Berechnung durch die Praxen oder Kliniken ist der finanzielle Aufwand für die Tierhalter eher als gering einzuschätzen. Häufig wird hier mit Pauschalen in einem zweistelligen Bereich gearbeitet. Da die Tiere häufig nach dem Versterben in den Praxen und Kliniken verbleiben, gibt es keinen zusätzlichen Aufwand für die Tierhalter.

Sollte der Tierhalter sein Tier selbst zu einer Tierkörperbeseitigung bringen wollen oder müssen, fällt ein geringer Aufwand an. Für das tierärztliche Team ist im Normalfall nur eine kurze Erklärung (industrielle Weiterverarbeitung) in Richtung der Tierhalter von Nöten oder eben eine Beratung zu einer Alternative aus dem Bereich der Bestattung. Wer seinen Kunden diesen Weg nicht aufzeigen möchte oder den Ablauf mit der Tierkörperbeseitigung ablehnt, kann sich bei den Tierbestattern und Krematorien nach einer Alternative umsehen. Vor allem die Krematorien bieten häufig eine kostengünstige und einfache Kremierung an – die anonyme Einäscherung. Die Namen dieser Kremierungsform unterscheiden sich ebenso wie die Preise. Im Normalfall wird das Tiergewicht als Berechnungsgrundlage gewählt. So ist eine Weiterberechnung an den Tierhalter unproblematisch. Fragen Sie bei Interesse auch nach Deckel- bzw. Höchstpreisen bei schwereren Tieren.

Abb. 2-6 In einigen Fried- oder Abschiedswäldern können auch Haustiere im Einklang mit der Natur beigesetzt werden

2.2.6 Bestattung in einem Friedwald

Die Bestattung in sogenannten Friedwäldern (auch „Abschiedswälder“) ist für Tiere erst seit einigen Jahren möglich (▶Tab. 2-7). Die Betreiber sind teilweise privatwirtschaftlich oder kommunal organisiert. Daher rühren auch die großen Unterschiede bei Preisen und Aufmachung. Grundsätzlich handelt es sich bei der Bestattung im Friedwald um eine stille Form der Beisetzung. Auf Grabschmuck wird größtenteils verzichtet, da der Wald einfach auch ein Wald sein und bleiben soll (▶Abb. 2-6). Die Begehung erfolgt somit häufig auch auf eigene Gefahr. Lokale Adressen und Anbieter finden Sie durch Internetrecherchen (Suchbegriffe: Friedwald für Tiere, Abschiedswald für Tiere etc.).

Bewertung der Angaben in der Tabelle 2-7

Je nach Anbieter und Konzept des Fried- bzw. Abschiedswalds unterscheiden sich die Möglichkeiten vor Ort. Speziell in den Bereichen Grabschmuck und Zeremonie wird von den trauernden Tierhaltern

Tab. 2-7 Bewertungstabelle für die Bestattung in einem Friedwald

	Sehr gering	Gering	Mittel	Hoch	Sehr hoch
Würde		X	X	X	X
Sicherheit			X	X	X
Beständigkeit				X	X
Flexibilität		X			
Aufwand		X	X		
Kosten			X	X	X
Beratungsintensität			X	X	

Zurückhaltung gewünscht. Im Vergleich zu den Friedwaldbestattungen für Menschen soll noch ein Unterschied zwischen Mensch und Tier erkennbar sein. Die Laufzeit der Grabstätten unterscheidet sich deutlich von den Liegezeiten auf Tierfriedhöfen. In manchen Fällen beträgt die Dauer bis zu 99 Jahre. Auch die Bestattung von Urnen mit Tierasche ist möglich, verlangt aber nach vergänglichen Urnen. Ähnlich wie bei den anderen Tierbestattungen, halten auch die Betreiber von Fried- und Abschiedswäldern umfangreiches Infomaterial bereit.

2.3 Fazit

Für viele Tierhalter ist der Verlust des eigenen Haustieres ein Schicksalsschlag. Manchmal wird der Verlust des Tieres schlimmer empfunden als der Verlust von Menschen aus dem eigenen Umfeld. Die enge Beziehung zwischen Menschen und Tieren hat sich in den letzten Jahrzehnten enorm entwickelt. Tiere sind zu echten Begleitern und Lebenspartnern geworden. Für den einen ist es ein Kindersatz, für den anderen ein täglicher Sozialpartner. Menschen leben heute viel häufiger alleine. Da ist der tierische Begleiter wichtiger denn je. Dieser Entwicklung ist es auch zu verdanken, dass sich die Tiermedizin in so raschem Tempo weiterentwickeln konnte. Die Tierhalter verlangen eine immer besser werdende tiermedizinische Betreuung. Im gleichen Zuge haben sich ebenfalls die Erwartungen an den letzten Weg des Haustiers weiterentwickelt. Die Hinterbliebenen wollen und brauchen Beratung zu den verschiedenen Bestattungsmöglichkeiten.

Wie das im Einzelnen in den Praxen und Kliniken aussieht, sollte im Team klar abgesprochen und regelmäßig hinterfragt werden. Auch wenn es viele Anbieter gibt, sollte den Tierhaltern keine zu große Auswahl vorgelegt werden. Aufgrund der Ausnahmesituation der trauernden Tierhalter ist eine kleine und vom tierärztlichen Team geprüfte Auswahl besser und kundenfreundlicher. Prüfen und hinterfragen Sie die Leistungen und Angebote der Anbieter, verlangen Sie Transparenz und optimalen Service – so finden Sie das richtige Unternehmen für das eigene Team und für Ihre Tierhalter.

3 Was ist Trauer?

3.1 Psychologische Aspekte der Trauer

Die Euthanasie eines Tieres ist für alle Beteiligten eine herausfordernde Situation. Das wird in allen Kapiteln dieses Buches überdeutlich. Um zu verstehen, was in den einzelnen Protagonisten in dieser besonderen Situation vorgeht, betrachten wir nun kurz das Gebiet der Psychologie. Kaum eines der hier behandelten Fachgebiete bietet so umfangreiche Literatur, mit der sich viele Dinge, Beobachtungen und Äußerungen von Menschen erklären lassen. Gelegentlich soll auch das eine oder andere Unerklärliche erklärt werden. Die nachfolgenden Seiten bieten Ihnen Hilfestellungen anhand eigener psychologischer Erfahrungen.

Die Entscheidungsfindung im Vorfeld einer Euthanasie gehört im Zusammenspiel zwischen Tierärzten und Patientenbesitzern zu den schwierigsten Situationen in der tierärztlichen Praxis. Es ist eine der anspruchsvollsten Aufgaben, einem Menschen die Sinnhaftigkeit oder Notwendigkeit eines Todes zu erklären. Auch wenn letztendlich der Tierbesitzer die Entscheidung trifft, kommt dem tierärztlichen Team eine besondere Verantwortung zu. Es bedarf einer verständlichen Erklärung, einer medizinischen Nachvollziehbarkeit und einem besonderen Verständnis für die Ausnahmesituation, in der sich die Tierhalter befinden. Oft müssen sich Familienangehörige dann auch noch untereinander abstimmen, was nun werden soll, welche Entscheidungen richtig sind und Vieles mehr. Um dies alles in der nötigen Form bereitstellen zu können, ist auch eine gute Kommunikation im tierärztlichen Team erforderlich. Zur Kommunikation innerhalb des Praxisteams und mit dem Tierhalter ▶ Abbildung 3-1 sowie ▶ Kapitel 4 und 5.

Der Wunsch nach einer Bestattung des Tieres bedeutet eine zusätzliche Emotionalität in dieser Situation. Die Einbindung eines Tierbestattungsunternehmens kann hierbei hilfreich sein und dem Praxisteam Vorteile im Umgang mit den trauernden Tierhaltern bringen, da die Tierhalter die Details der Bestattung dann direkt mit dem Unternehmen abstimmen können. Die meisten Tierhalter kommen gestärkt aus dieser Situation heraus und gehen gefestigter mit den Geschehnissen um, da sie sich im Vorfeld über die Möglichkeiten des Tierverbleibs informiert haben. Dabei ist es hilfreich, wenn das tierärztliche Team die Tierhalter bereits vorab über die generellen Möglichkeiten zum Verbleib des Tieres informiert (▶ Kap. 2.2).

Viele Studien zeigen, dass Tierhalter den Empfehlungen ihres Tierarztes meist folgen, wenn es um eine Euthanasie geht. Daraus entstehen

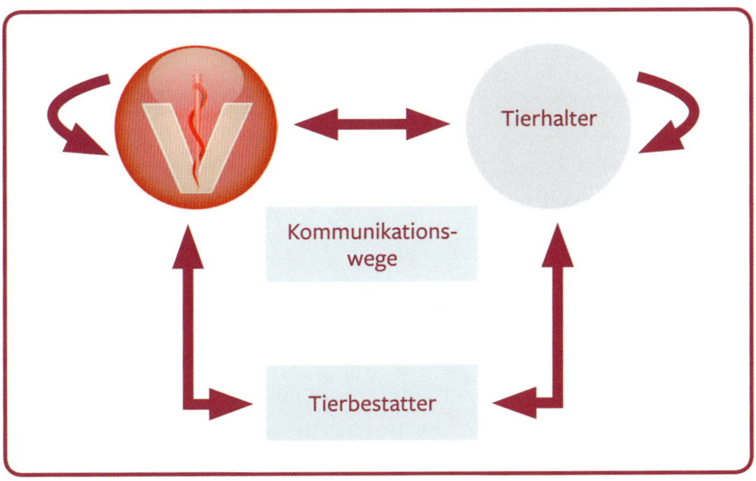

Abb. 3-1 Kommunikationswege

die oben beschriebenen Notwendigkeiten und Verantwortungen hinsichtlich einer guten Beratung und Kommunikation.

Der Verlust eines Haustieres ist für die betroffenen Tierhalter oftmals purer Stress und für viele ein sehr einschneidendes Erlebnis. Daher reagieren diese Menschen häufig anders als gewohnt, wenn es um diese letzte und endgültige Entscheidung geht. Sie müssen sich mit dem Thema Tod beschäftigen und würden das lieber vermeiden oder verdrängen. Auch untereinander finden die Tierhalter nicht immer direkt zu einem Konsens. Das ist für das tierärztliche Team zusätzlich belastend, muss aber im Sinne des Tieres und der Besitzer zu einem bestmöglichen Ende gebracht werden.

Die Erwartungen der Tierhalter an das tiermedizinische Team sind groß und vielfältig. Sie verlangen nicht weniger als:

- ausreichende medizinische Kompetenz
- ausreichendes Mitgefühl dem Tier gegenüber
- ausreichendes Mitgefühl dem Tierhalter gegenüber
- ausreichendes Verständnis für die schwere Situation des Tierhalters
- ausreichende Erklärungen zur Diagnose
- ausreichende Erklärungen zum Ablauf der Euthanasie
- ausreichende Aufklärung über das „Danach“

An dieser Stelle kann es zu einem Bruch in der Kommunikation zwischen dem tierärztlichen Team und den Tierbesitzern kommen. Im schlimmsten Fall empfinden die Tierhalter die Behandlung, Beratung oder Kompetenz als nicht ausreichend. Tritt dieser Fall ein, wird man diese Tierhalter höchstwahrscheinlich nicht weiter als Kunden behalten. Sie werden sich mit einem anderen oder neuen Tier nach einer anderen Praxis umsehen. Dabei spielen frühere und gute Erfahrungen oft auf einmal keine Rolle mehr. Die Enttäuschung in dieser speziellen Situation überdeckt dann eine vormals mitunter sehr gute Kundenbeziehung. Eine Möglichkeit, diese Entwicklung im Vorfeld zu entschärfen, liegt in der Vorabberatung der Tierhalter. Man kann im Umfeld einer kritischen Diagnose oder bei einem Gespräch zu altersbedingten Beschwerden das

Thema „Danach" sehr gut ansprechen, ohne dass es unpassend wäre. Dies gehört zu einer kompletten tierärztlichen Beratung dazu. Hier bietet sich zusätzlich die Chance, mögliche unterschiedliche Meinungen bei Tierhaltern ohne zusätzliche Emotionen klären zu können oder diese Überlegungen den Tierhaltern mit nach Hause zu geben. Das entspannt die Situation, wenn es dann später zum tatsächlichen Abschied kommt.

Stellen Praxen oder Kliniken für ältere Tiere ein spezielles **Vorsorgeangebot** bereit, kann die Beratung zum möglichen Abschied passend in das Gesamtkonzept eingeflochten werden. Einige Bestatter bieten tierärztlichen Mitarbeitern spezielle Schulungen für die Beratung rund um dieses schwierige Thema an – fragen Sie dort also gerne entsprechend nach. Das Angebot, sich besonders und in angemessener Weise um ältere Tiere zu kümmern, kommt bei Tierhaltern gut an. Zusätzlich bietet es auch weitere Vorteile für die eigene Praxis oder Klinik:

- zusätzliche Serviceleistungen, die gesondert berechnet werden können
- zusätzliche Kundenbindung
- Imagegewinn
- Aufzeigen von zusätzlichen Kompetenzen
- Berichtsmöglichkeiten für die eigenen Werbekanäle (Facebook- und Internetseiten)
- die Tierhalter werden in einem ruhigen Umfeld umfassend informiert
- die emotionale Beratung im Rahmen einer Euthanasie kann deutlich reduziert werden und ist damit weniger belastend für das tierärztliche Team

PRAXISTIPP

Vorsorge

Mittlerweile gibt es auch für die Bestattung von Tieren unterschiedliche Vorsorgeangebote. Hierbei ist es den Tierhaltern möglich, die organisatorischen und finanziellen Wünsche vorab mit dem Bestattungsunternehmen zu regeln. Die Individualität der Wünsche wird dadurch nicht geschmälert. Bei den verschiedenen Angeboten sollte man darauf achten, dass keine finanziellen Risiken oder Nachteile auftreten. Des Weiteren sollte erfragt werden, ob die gewählte Art der Vorsorge regional begrenzt ist, oder ob verschiedene Stellen die Dienstleistung der Tierbestattung nach den hinterlegten Wünschen durchführen. Folgende Fragen sollten interessierte Tierhalter dazu stellen:

- Gibt es finanzielle Risiken durch die Vorsorge?
- Entstehen Mehrkosten, weil man die Vorsorge nutzt?
- Welche Dienstleistungen umfasst die Vorsorge?
- Wie hoch müssen die Einzahlungen sein?
- Muss ich monatliche Einzahlungen tätigen?
- Wo kann ich die Vorsorge einlösen?
- Gilt die Vorsorge für alle Bestattungsformen?
- Kann ich die Vorsorge auch wieder auflösen und wenn ja, welche Nachteile entstehen dadurch?

Im Vordergrund steht die Verantwortung, die eine handelnde Person sowohl für das eigene Handeln, als auch für die durch sein Handeln betroffenen Individuen trägt. Im Rahmen der Euthanasie steht besonders der Tierarzt im Fokus. Er trägt gleich mehrfache Verantwortung für verschiedene Beteiligte. Dies gilt dann auch für alle gleichzeitig und in unterschiedlicher Ausrichtung und Intensität:

1. **Die Verantwortung dem Tier gegenüber:** Das Tier sollte im Mittelpunkt des tiermedizinischen Denkens und Handels stehen. In der Abwägung über Weiterbehandeln und Tod noch einmal in verschärfter Form. Sollte die negative Einschätzung über den Zustand des begutachteten Tieres voreilig, fehlerhaft oder schlichtweg falsch sein, beraubt man dem Tier weitere Lebenszeit. Die Diagnose muss daher entsprechend sicher und untermauert sein, bevor der Tierarzt eine Empfehlung zur Euthanasie ausspricht. Sollten die Tierhalter der Empfehlung des Tierarztes nicht folgen wollen, dieser sich aber fachlich hundertprozentig sicher ist, zeigt sich eine weitere Form der Verantwortung dem Tier gegenüber: der „Schutz vor den Besitzern". Tierhalter wehren sich aus den verschiedensten Gründen gegen diesen letzten Schritt. Weiter unten in diesem Kapitel (Trauermodell) finden sich einige Sätze, die Tierhalter dann oft vorbringen. Der Tierarzt muss sich nun dem Widerspruch zwischen der eigenen Diagnose und den Vorstellungen der Tierhalter stellen und im Sinne des Tierwohls auf die Tierhalter einwirken. Hier kann eine stützende Haltung der TFA in der Kommunikation mit den Tierhaltern hilfreich sein. Dies bedarf aber einer vorherigen Abstimmung im Team.
   Die eben beschriebene Situation kann aber auch umgekehrt auftreten: Tierhalter befürworten oder verlangen eine Euthanasie, beispielsweise aus einer vermuteten Notwendigkeit oder einer finanziellen Notlage heraus. In allen Vorträgen, die ich zu diesem Thema halten durfte, wurden mir beide Versionen beschrieben. Leider gab es viele Geschichten, in denen die finanziellen Gesichtspunkte entscheidend waren. Auch hier steht der Tierarzt in der Verantwortung, um die Situation im Sinne des Tieres aufzulösen. Diese Auflösung ist nicht leicht und führt in Einzelfällen dazu, dass dem Tierhalter das Tier entzogen werden muss. Schöner ist es natürlich, wenn man Hilfen wie Ratenzahlungen, Beihilfen durch Vereine oder ähnliche Lösungen finden kann. Für Mensch und Tier ist dies sicher oftmals die beste Alternative. Es ist für Praxen und Kliniken sinnvoll, sich nach solchen Hilfen

bereits im Vorfeld umzusehen. Wenn es aus den vom Tierarzt vermuteten Gründen Unstimmigkeiten gibt, kann man diese mit einem professionell aufgebauten Fachgespräch in der Regel zu einem guten Ende bringen. Zweifel, die im Rahmen einer Behandlung in einer anderen Praxis oder Klinik entstanden sind, sollten direkt zwischen den behandelnden tierärztlichen Kollegen geklärt werden, ohne den Tierhalter hier mit einzubeziehen.

2. **Die Verantwortung dem Team gegenüber:** Wie belastend die Euthanasie für das tiermedizinische Team ist, lässt sich im Vorfeld natürlich nicht planen. Jede Situation ist neu, anders und nicht vorhersehbar. Auch ist jede eingesetzte Person des tiermedizinischen Personals einer Praxis oder Klinik individuell zu sehen: die Stärken und Schwächen, die Ordnung oder Unordnung oder die Fähigkeit, in belastenden Situationen zu bestehen. Dazu kommen noch Dinge, die sich im privaten Umfeld jeder einzelnen Person des Teams ergeben können. Im Negativen können das Ärger in der Beziehung, das kranke Kind zu Hause oder die Sechs in der Mathematikarbeit der Tochter sein. Im Positiven sind es dann vielleicht der Heiratsantrag vom letzten Abend, der Sieg der Lieblingsmannschaft oder das neue Auto. All solche Erlebnisse haben Einfluss auf Stimmung und Verhalten der beteiligten Personen. Eine offene Kommunikation im Team kann vorab dazu führen, das Gefühlsleben einzelner Teammitglieder als negativ oder positiv einzuschätzen.
   All diese Dinge und Befindlichkeiten treffen im Augenblick der Euthanasie mit dem Gefühlsleben des Tierhalters zusammen. Ein unruhiges oder Schmerzen leidendes Tier lässt weitere Spannungen aufkommen. Nun ist es am leitenden Tierarzt, die Situation zu moderieren und in einer für alle angenehmen Art und Weise durchzuführen – gar nicht so einfach! Wenn dann zusätzlich unerfahrenes oder in Ausbildung befindliches Personal eingesetzt wird, muss begleitend vieles erklärt oder angeleitet werden. Etwas mehr Geduld bei der Ausführung sollte dabei auch an den Tag gelegt werden. Wenn möglich sollte auch das Befinden der einge-

setzten Teammitglieder **nach** der Euthanasie hinterfragt werden. Das Austauschen von Emotionen ist wichtig und führt im besten Falle dazu, dass niemand das Erlebte mit nach Hause nehmen muss.

3. **Die Verantwortung dem Tierhalter gegenüber:** Auch das Verhalten der Tierhalter ist für das Team nicht plan- oder vorhersehbar. Die oben beschriebenen positiven oder negativen Begleiterlebnisse können auch auf sie wirken. Dies kann zu einer zusätzlichen Belastung oder zu einer Entspannung bei der Euthanasie führen. Die Beobachtung des Verhaltens von Tierhaltern dient dem Fachpersonal dabei als Hilfsmittel. Man darf ebenfalls nicht vergessen, dass sich die Menschen ungern mit dem Thema Tod beschäftigen. Im Rahmen der Euthanasie kommen oft auch die Gedanken an den eigenen Tod oder an den Tod von nahen Angehörigen oder Freunden hoch.
   Beim Umgang mit den Tierhaltern sollte man die Begleitumstände betrachten, die zu der endgültigen Entscheidung „Euthanasie" geführt haben. Waren die Tierhalter immer einer Meinung mit dem Team? Gab es Diskussionen? Hat ein vermeintliches Fehlverhalten der Tierhalter zu Problemen geführt? Nehmen sie sich das „Ja" zur Euthanasie besonders zu Herzen? Fragen und Hinterfragen ist unabdingbar! Die meisten Tierbesitzer sind geneigt, dem Urteil ihres Tierarztes zu folgen. Mit entsprechender Kommunikation kann diese Geneigtheit zu einer Gewissheit werden.
   Insgesamt entscheidet jeder Tierhalter subjektiv darüber, ob er sich vom Praxisteam im Rahmen der Euthanasie gut beraten und behandelt gefühlt hat. Eine offene und vertrauensvolle Kommunikation darüber, was der Tierhalter in dieser Situation wünscht, ist entscheidend, um einen gesicherten Konsens zu erreichen.

3.2 Trauerformen

Wie zu erwarten ist, kann man auch beim Trauern nicht von der „einen" Trauer sprechen, die bei allen gleich ist. Für jeden Menschen fühlt sie sich anders an, nimmt andere Verläufe und hat für den einzelnen andere Konsequenzen. Gleiches gilt auch für die Auswirkungen auf das jeweilige Umfeld der Trauernden.

Prinzipiell sind zwei Formen des Verlustes zu unterscheiden: der primäre Verlust und der sekundäre Verlust. Beim **primären Verlust** geht es um das physische Verlieren. Je zentraler die Stellung des Tieres war, umso eher entsteht eine folgende Leere. Der leere Liegeplatz des Tieres, der verwaiste Käfig oder das nicht verbrauchte Futter. Es geht hierbei um die direkt aus dem Versterben des Tieres entstehenden Gefühle und die damit verbundenen Entwicklungen.

Beispiele für primären Verlust:

- **Verlust geteilter Erinnerungen oder Erlebnisse mit dem Tier.** Hier hat beispielsweise das Tier eine Krankheitsphase des Menschen begleitet (Krankheiten mit einem stetigen Auf und Ab, eine lange und kraftraubende Therapie). Vielleicht hat das Tier das eigene Leben oder das Leben wichtiger Menschen gerettet (Warnung vor einem Feuer oder Einbrecher). Auch das Ende einer Beziehung kann von einem Tier begleitet worden sein. Der Verlust des Tieres bringt dann auch oft die negativen Erfahrungen zurück in das Bewusstsein. Je weniger erfolgreich die Verarbeitung war, umso stärker brechen sich heftige Reaktionen Bahn.
- **Das Tier war ein Bindeglied zu einem verstorbenen Freund oder Familienmitglied.** Ein Beispiel hierfür ist die Geschichte der älteren Dame in Berlin (▶Vorwort). Manchmal werden Tiere auch „vererbt" – versterben diese Tiere dann, kommt auch der Verlust des Menschen wieder hoch.
- **Das Tier hatte eine zugewiesene Rolle in der Familie.** Jedes Familienmitglied hatte feste Aufgaben und Rituale mit dem Tier. Das morgentliche Füttern vor der Schule bei den Kindern. Die erste Gassirunde eines Elternteils auf dem Weg zum Brötchenholen.

Das Joggen am Wochenende um den See. Jedes Familienmitglied hat etwas Eigenes, was ihn mit dem Tier verbunden hat. Der Tod des Tieres unterbricht die Einzelbeziehungen und kann Störungen der Familiendynamik und des Familienfriedens auslösen. Die einzelnen Mitglieder suchen sich andere Zeitvertreibe oder Rituale. Das kann zu Spannungen führen.

- **Das Tier hat die Freude an der Haustierhaltung geprägt.** Egal, ob das Tier mit einem oder mehreren Menschen zusammengelebt hat, jeder Einzelne hatte das Gefühl gebraucht zu werden. Dieses Gefühl kann mit dem Verlust des Tieres verloren gehen. Durch die Fürsorge zum Wohle des Tieres kann sich jeder seiner eigenen Güte versichern. Bei älteren Menschen verliert sich mit dem Verlust des Haustiers oft auch das Gefühl, eine wichtige Existenzberechtigung zu haben.
- **Das Tier lässt den oder die Tierhalter „alleine".** Im Menschen verstärkt sich der Wunsch, das Tier zumindest gedanklich weiterleben zu lassen. Die bisherige Kommunikation weiterlaufen zu lassen und damit einer drohenden Vereinsamung entgegenzutreten. Rituale im häuslichen Umfeld werden dabei weitergeführt. Die morgentliche „Unterhaltung" zum geplanten Tagesablauf findet weiterhin statt.
- **Das Tier war Bindeglied zur Gesellschaft und zur Natur.** Wenn Mensch und Tier als Duo beim Hundesport oder bei Ausstellungen auftreten, endet diese Möglichkeit, mit anderen Menschen in Verbindung zu treten. Die Zugehörigkeit zu anderen Mitgliedern des Vereins oder der Zuchtgemeinschaft verändert sich, die ursprüngliche Verbindung geht verloren. Auch die morgentliche Gassirunde im Park geht nie ohne kurze Gespräche mit anderen Hundebesitzern vonstatten. Selbst wenn man häufig nur die Namen der Hunde kennt – eine Verbindung zu den Menschen gibt es trotzdem. Viele Hundebesitzer sehen den Hund als Grund, das eigene Refugium zu verlassen, wenn es nicht um die Arbeit oder das Einkaufen geht. Auch dies kann der Tod des Haustieres beeinflussen.

Beim **sekundären Verlust** geht es um langfristige Folgeerscheinungen, die sich aus einem Verlust ergeben können. Die oben beschriebenen Formen des primären Verlustes kann man in Teilen auch hier anführen. Beim primären Verlust normalisieren sich diese aber nach einer Trauerzeit wieder, beim sekundären Verlust halten die Gefühle an und verfestigen sich.

Beispiele für sekundären Verlust:

- **Störung der emotionalen Stabilität.**
- **Auftreten von psychischen Problemen.**
- **Keine selbstständige Bewältigung der Probleme.** Diese fehlende Stabilität reicht in alle Bereiche des Lebens hinein und beschränkt sich nicht auf die Tierhaltung. Sie normalisiert sich nicht von alleine. Die Betroffenen werden ohne fachmännische Hilfe schwer den Weg in eine vor dem Tiertod vorhandene Gemütsverfassung zurück schaffen.
- **Selbstmordgedanken und Ausführung.** Im schlimmsten Fall weiß sich die betroffene Person gar nicht mehr zu helfen und sucht nach einem endgültigen Ausweg aus Ihrer Situation. Die Probleme werden als unüberwindbar wahrgenommen.

3.2.1 Pathologische Trauer

Eine weitere Unterscheidung der Trauerformen in „normal" und „pathologisch" erkennt man bereits in den oben beschriebenen Darstellungen. Die normale Trauer ist offen, selbstbestimmt und gesund. Die pathologische Trauer bedarf professioneller Hilfe. Folgende Symptome helfen den Betroffenen bzw. ihren Angehörigen oder Freunden beim **Erkennen einer pathologischen Trauer** (in ▶ Kapitel 4.8.1 finden Sie zusätzlich eine Auflistung von Fragen, deren Beantwortung helfen kann, sich der Symptome bewusst zu werden):

- Aufdrängende Erinnerungsgefühle.
- Intensiver Wunsch, dass Tier möge wieder da sein.
- Emotionale Schmerzen und Belastungsgefühle.

- Vermeidung von Situationen, die vorher mit dem Tier in Verbindung standen.
- Keine oder geringe Anpassung an das Leben ohne Tier.
- Interessensverlust in verschiedenen Bereichen.
- Schlafstörungen.

HILFE BEI PROBLEMEN UND KRISEN

TelefonSeelsorge

☎ **0800 111 0 111 oder 0800 111 0 222**

www.telefonseelsorge.de

Der Anruf ist kostenfrei und bleibt anonym. Sie nennen Ihren Namen nicht und Ihre Rufnummer erscheint nicht im Display. Da das Telefonat gebührenfrei ist, wird es später auch nicht in einem Einzelverbindungsnachweis Ihrer Telefonrechnung aufgeführt. Niemand kann Ihrer Telefonrechnung entnehmen, dass Sie bei der TelefonSeelsorge angerufen haben. Die Verbindungsdaten werden von den Telekommunikationsunternehmen nur entsprechend den gesetzlichen Vorschriften gespeichert. Sie können sicher sein, dass Ihre Sorgen und Probleme anonym und vertraulich behandelt werden. Alle Mitarbeiterinnen und Mitarbeiter der TelefonSeelsorge unterliegen der Schweigepflicht.

Info-Telefon Depression

☎ **0800 33 44 533**

www.deutsche-depressionshilfe.de

Das bundesweite Info-Telefon Depression soll Betroffenen und Angehörigen den Weg zu Anlaufstellen im Versorgungssystem weisen. Dies stellt keinen Ersatz für eine Behandlung durch einen Arzt oder Psychotherapeuten dar. In akuten Krisen wenden Sie sich bitte an Ihren Arzt, die nächste psychiatrische Klinik oder den Notarzt unter der Telefonnummer 112.

Die Trauerforschung hat zusätzliche Faktoren ermittelt, die Trauerkomplikationen verursachen oder verschärfen können. Nachstehende **Kriterien** machen es dem Umfeld der Trauernden leichter, aufkommende Probleme in der Trauerphase zu erkennen. So kann frühzeitig gegengesteuert werden und die Betroffenen rutschen nicht weiter in eine ungesunde Form der Trauerverarbeitung ab:

- **Das Alter der Besitzer liegt über 40 Jahre.** Man könnte vermuten, dass die höhere Lebenserfahrung die Menschen besser mit Krisen und Problemen zurechtkommen lässt. In manchen Fällen hat sich aber im Laufe der Jahre eine falsche Krisenbewältigung eingespielt. Ein höheres Alter kann zu vielen positiven wie auch negativen Erfahrungen und Bewältigungsformen führen.
- **Die trauernde Person ist weiblich.** Die häufig stärkere Emotionalität bei Frauen kann sich negativ auf die Verarbeitung von Trauer niederschlagen. Sind Frauen bei der Hilfe für andere Menschen oft emotional gut aufgestellt, kann es bei eigenen Krisen und Sorgen zu Problemen bei der Bewältigung kommen.
- **Der Tod war plötzlich und unerwartet.** Eine fehlende Vorbereitung auf den Tod oder eine vorherige Verdrängung der Möglichkeit, das Tier könne irgendwann einmal sterben, kann die Bewältigung der Trauersituation verkomplizieren. Die betroffene Person sieht sich von jetzt auf gleich einem Leben ohne Tier gegenüber.
- **Der Besitzer hat selbst zum Tod des Tieres beigetragen.** Es kommt immer wieder vor, dass ein Fehlverhalten der Tierhalter dazu führt, dass ein Tier zu Schaden kommt. Jemand hat die Gartenpforte offen gelassen und der Hund konnte auf die Straße laufen, die Waschmaschine wird mit der Katze in der Trommel gestartet, Krankheitssymptome wurden falsch bewertet und vieles mehr. Ebenfalls die Entscheidung für eine Euthanasie in der Praxis oder Klinik kann der Tierhalter so interpretieren, dass er für den Tod des Tieres verantwortlich ist. Auch deshalb ist die Kommunikation mit den Tierhaltern in der Vorbereitung und der Durchführung einer Euthanasie so enorm wichtig. Hier kann im Vorfeld schon viel für den Tierhalter getan werden.

- **Das Tier hatte eine besondere oder herausragende Bedeutung.** Die große Wichtigkeit eines Tieres kann eine Vielzahl von Gründen haben. Für manche Menschen ist es das erste eigene Tier, für andere Menschen vielleicht das letzte eigene Tier, weil Alter oder eigene Krankheit die Aufnahme eines neuen Tieres unmöglich erscheinen lassen. Im Bereich der Assistenz- und Blindenhunde ist die besondere Beziehung zwischen Mensch und Tier augenscheinlich und erklärt die Tiefe der Verbindung. Der Bezug zu früher verstorbenen Menschen kann hier ebenfalls angeführt werden.
- **Der Tierhalter hat vor Kurzem Menschen oder Tiere verloren.** In diesem Fall kann es sein, dass der aktuelle Verlust eine Überforderung auslöst. Er ist der Tropfen, der das Fass, oder eben die Emotionalität, zum Überlaufen bringt. Gehört dann darüber hinaus eine besondere Vertrauensperson, die in vielen anderen Krisen zur Seite stand, ebenfalls zu den verlorenen Personen, wird diese Entwicklung noch unterstützt. Die Betroffenen wissen nicht mehr wohin mit den negativen Gefühlen und kommen alleine nicht mehr damit zurecht.
- **Der Tierhalter lebt alleine.** Fehlt der tagtägliche Umgang mit anderen Menschen, kann man aufkommende Gefühle und Probleme nicht teilen. Manche Probleme oder Hilfsersuchen werden nicht geäußert, weil eben niemand da ist. Hinzu kommt, dass die Stellung des Tieres durch das Alleinleben noch gesteigert sein kann.
- **Der Tierhalter hat Angst, dass seine Trauergefühle nicht normal sind.** Die Trauernden vergleichen die eigene Situation mit anderen und sehen sich selbst als zu emotional an. Das Umfeld reagiert abschwächend auf den Tiertod und banalisiert ihn. „Ist doch nur ein Hund.“, „Dann kaufst Du Dir halt eine neue Katze.“ und ähnliche „gute Ratschläge“ unterstützen die Meinung, man würde in seiner Trauer übertreiben. Vielleicht ist auch die Erziehung in der Kindheit bei der Krisenbewältigung prägend gewesen. Die Eltern wurden als unerschütterlich und unverwundbar wahrgenommen. Lapidare Äußerungen wie „Ein Indianer kennt keinen Schmerz.“, „Es gibt doch nun wirklich Schlimmeres.“, „Richtige

Männer weinen nicht." oder „Lass die anderen Deine Tränen nicht sehen." sind in dieser Situation und für eine spätere stabile Bewältigungsstruktur nicht hilfreich.

- **Der Tierhalter wird vom tierärztlichen Team und/oder vom Tierbestatter mit abschwächenden und verniedlichenden Äußerungen bedacht.** Sprache gibt uns die Möglichkeit, Dinge schöner und unbelasteter auszudrücken, als sie in Wirklichkeit sind. Dies kann jedoch auch zu Problemen führen. Daher sollten die genannten Personen darauf achten, die Fakten nicht in den Hintergrund treten zu lassen: Das Tier ist tot.

3.3 Kommunikation mit Trauernden

Schöne und verständnisvolle Worte machen es auch den Personen im Umfeld leichter, mit trauernden Menschen umzugehen – das steht aber bei alledem nicht im Vordergrund. Es wird immer Tierhalter geben, die Ihre Worte zu sehr für sich einnehmen und falsch verstehen oder negativ auffassen. Leider gibt es keine „Standardsätze", die jeder Euthanasie die Traurigkeit und die Bedrücktheit nehmen können. Wenn dem so wäre, könnte man auch dieses Buch deutlich kürzer halten. Wichtig ist, dass man als betreuende Person nicht in einen Automatismus verfällt, indem man immer wieder die gleichen Floskeln benutzt – auch wenn es warme und hilfreich gemeinte Äußerungen sind. Tierhalter bemerken es meist, wenn Sie reine Standardsätze abspulen. Die Ehrlichkeit, Aufrichtigkeit und Wärme, die sicher in Ihren Worten stecken, werden dann nicht mehr richtig wahrgenommen. Es empfiehlt sich ebenfalls nicht, Äußerungen von Kolleginnen und Kollegen zu übernehmen, nur weil diese sich gut anhören oder positive Reaktionen bei den Tierhaltern auslösen. Finden Sie Ihre eigenen Worte und variieren Sie diese.

Bei folgenden Aussagen kann es zu **negativen Reaktionen** von Tierhaltern kommen:

- **„Ich weiß genau, wie Sie sich fühlen."** Das stimmt nicht. Man kann zwar Traurigkeit nachempfinden, vielleicht auch aus eigenen Erfahrungen. Jedoch wird man nie wissen, was genau in einem

Menschen vorgeht, welche Gedanken sich gerade in dem Kopf des Gegenübers abspielen. Dosiert eingesetzt kann es den Trauernden helfen, wenn Sie von eigenen Erfahrungen berichten. Halten Sie dabei jedoch Ihre Emotionen unter Kontrolle. Eine Situation, in der die Trauernden Ihnen beistehen möchten, ist unbedingt zu vermeiden.

- **„Nun ist er/sie im Himmel.“** Da Sie nicht wissen können, welche Vorstellungen ein Tierhalter von dem Danach hat, sollte man die eigene Meinung diesbezüglich für sich behalten. Vielleicht gehören die Tierhalter einem Glauben an, der das Konzept des Himmels nicht kennt. Es kann auch sein, dass die Tierhalter das Ganze für Blödsinn halten. Es besteht die Gefahr, dass Sie Ihre fachliche Kompetenz bei diesen Kunden verlieren oder zumindest ankratzen. Lassen Sie daher religiöse Ansichten und Vorstellungen außen vor. Es kann auch sein, dass einige Tierhalter diese Äußerung als Bestätigung dafür nehmen, dass das Tier ja noch da ist und sie sich nicht mit der Bewältigung des Verlustes beschäftigen müssen.
- **„Das wird schon wieder.“, „Bald ist alles wieder gut.“, „Morgen scheint die Sonne wieder.“, „Nehmen Sie sich das doch nicht so zu Herzen.“** Diese oder ähnliche Sätze wirken bei der Betreuungsarbeit oft banal und austauschbar. Stellen Sie sich selbst die Frage: Helfen Sie dem Tierhalter damit?

Die Gewissheit, dass Sie immer den richtigen Ton und die richtigen Worte finden, gibt es nicht. Mit der Zeit werden Sie Ihre Erfahrungen machen und einen verlässlichen Weg zur Betreuung von Trauernden finden. Um die oben beschriebenen Probleme nicht noch zu verstärken, nutzen Sie aller Emotionalität zum Trotz auch klare Aussagen. „Ihr Tier (immer den Namen nennen) ist jetzt tot.“ Nutzen Sie bei dieser zentralen Information keine Verklausulierungen. Lassen Sie den Tierhaltern den nötigen Raum und die nötige Zeit. Drängen Sie nicht auf Reaktionen oder Äußerungen. Stellen Sie keine Erwartungen an die Tierhalter, wenn diese keine offensichtlichen Reaktionen zeigen. Folgende Aussagen **bedrängen den Tierhalter** in dieser Situation eher:

- „Ich wäre ja jetzt traurig."
- „Wollen Sie jetzt gar nichts sagen?"
- „Jetzt sind Sie sicher traurig, oder?"
- „Wie geht es Ihnen jetzt? Mir können Sie es ruhig sagen."

So wird man einem trauernden Menschen sicher nicht helfen. Vermutlich suchen diese Tierhalter sich für ein neues oder ein anderes Tier sogar eine andere Praxis oder Klinik. Laut Statistik wechseln 40 Prozent der Tierhalter nach der Euthanasie die Praxis oder Klinik. Durch eine gute Betreuung und Beratung können Sie dies vermeiden oder zumindest verringern. Besonders zufriedene Tierhalter werden Ihre Praxis oder Klinik sogar weiterempfehlen, auch für diese schweren Stunden und Schritte. So kann eine gut aufgestellte Praxis oder Klinik von den abgewanderten Kunden anderer profitieren.

Wie Sie durch die richtige Kommunikation eine positive und unterstützende Umgebung für die Euthanasie schaffen können lesen Sie in ▸Kapitel 4.

3.4 Trauerphasen

Obwohl das Trauermodell in ▸Abbildung 3-2 nicht für das Versterben von Haustieren erstellt wurde, passen die einzelnen Phasen in der Trauerarbeit der zurückbleibenden Menschen sehr gut zu der sich uns bietenden Situation. Jede dieser Phasen läuft in einem trauernden Menschen ab, aber natürlich sind die Dauer und die Intensität der einzelnen Phasen so unterschiedlich wie die Menschen selbst. Auch den beratenden

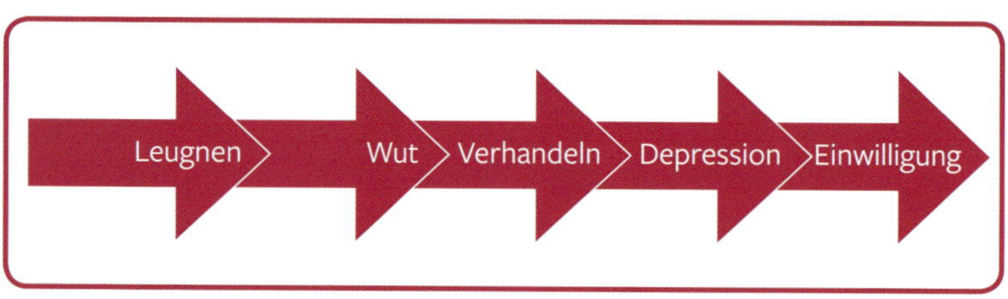

Abb. 3-2 Trauermodell nach Kübler-Ross

und betreuenden Personen bieten diese Phasen eine Hilfestellung, um die Psyche eines trauernden Menschen besser bewerten und verstehen zu können. So ist eine Hilfestellung deutlich leichter zu gewährleisten und die Beratung entsprechend anpassbar.

Hinweise auf die einzelnen Phasen findet man in den Äußerungen der betroffenen Menschen. Sie versuchen mitunter auf verschiedene Weise, Erklärungen für das im Moment schwer Erklärbare zu finden:

Leugnen: Die Tierhalter wollen nicht wahrhaben, dass das Leben ihres Haustieres jetzt vorbei ist, es wird verdrängt. Das kann natürlich viele verschiedene Gründe haben: Die Angst alleine zu sein, die Angst es anderen erklären zu müssen, Angst, sich mit den Vorwürfen anderer auseinandersetzen zu müssen, Angst davor, schwach zu wirken, Angst davor, einen Fehler zu begehen, wenn man der Euthanasie zustimmt. Folgende Aussagen hört man oft:
„Das kann doch gar nicht sein, er ist doch erst drei Jahre alt."
„Sie müssen sich irren, gestern ging es ihm ja noch gut."
„Nachdem was meine Nachbarin dazu sagte, passt Ihre Diagnose nicht. Die hat auch einen Hund, die kennt sich aus."

Wut: Die Tierhalter machen ihrer Wut Luft. Das hat oft nichts mit den anwesenden Personen zu tun. In diesen Augenblicken brechen sich Angst und Verzweiflung Bahn und werden in lauten, beleidigenden, maßregelnden oder vorwurfsvollen Äußerungen vorgetragen. Diese Phase ist für das betreuende Personal am kritischsten, da bei den falschen Methoden zur Beruhigung die Situation eskalieren kann. Es empfiehlt sich, das Toben der Tierhalter zu ertragen und abzuwarten. Die meisten beruhigen sich wieder und gehen in die nächste Phase über, wenn sich die Anspannung gelöst hat. Typische Äußerungen sind:
„Sie haben doch alle keine Ahnung – Idioten alle zusammen!"
„Ich kenne mein Tier doch viel besser – Sie wissen gar nichts!"
„Dafür reiche ich eine Beschwerde bei der Tierärztekammer ein!"
„Man müsste Ihnen doch direkt den Laden zumachen!"

Verhandeln: Die Tierhalter versuchen, der Situation die Endgültigkeit zu nehmen. Wenn man noch etwas versucht, zieht sich die Konsequenz des Loslassenmüssens weiter hin. Hier kommen teilweise auch ganz verrückte Ideen auf den Tisch, die sich im Endeffekt als völlig überzogen oder gar unmöglich herausstellen. In dieser Situation hilft es den Betroffenen aber. Sie kämpfen und mühen sich, dem Tod ein Schnippchen zu schlagen, das Tier weiter bei sich haben zu können und den Abschied wieder von sich zu schieben. Als Team kann man jetzt nur versuchen, die Suche nach Behandlungsmöglichkeiten mit den eigenen Argumenten und mit dem vorhandenen Fachwissen zu widerlegen. Es empfiehlt sich, gerade in dieser Phase ruhig aber bestimmt aufzutreten. Bleiben Sie in der Situation stark und verlässlich. Lassen Sie sich nicht in Diskussionen um Erfolg oder Nichterfolg neuartiger Methoden oder alternativer Ansätze der Tierhalter hereinziehen. Es sei denn, die Tierhalter haben etwas wirklich Greifbares und Sinnvolles vorgebracht.
Mögliche Aussagen sind:
„Im Internet habe ich gelesen, dass es für solche Krankheiten besondere Behandlungen gibt."
„Vielleicht gibt es irgendwo einen Spezialisten, der Ihnen helfen kann mein Tier zu retten?"
„Vielleicht frage ich noch mal jemand anderen."
„Können Sie ihn/sie bitte noch einmal untersuchen, vielleicht haben Sie etwas übersehen."

Depression: In dieser Phase wird dem Tierhalter bewusst, dass er die Situation nicht mehr ins Positive drehen kann. Es setzt ein Verstehen ein und er wird der fachlichen Expertise Ihrer Praxis oder Klinik Glauben schenken. Man kann diese Phase sehr gut nutzen, indem man die Äußerungen des Tierhalters mit eigenen Worten wiederholt und dadurch unterstützt. So können Sie die Gedanken der Trauernden festigen und sich zeitgleich als besonders einfühlsam zeigen. Häufige Sätze von Tierhaltern sind jetzt:
„Wir hatten doch noch so viel vor mit ihm/ihr."
„Was soll ich denn jetzt den Kindern sagen?"

„Ohne sie/ihn kann ich nicht nach Hause gehen."
„Ich dachte, wir hätten mehr Zeit zusammen."

Einwilligung: Ist der Tierhalter in dieser Phase angekommen, haben Sie als Team viel erreicht! Oft hört man jetzt:
„Sie haben wohl Recht."
„Es ist besser ihn/sie jetzt gehen zu lassen."
„Irgendwann ist die gemeinsame Zeit eben zu Ende."
„Wir werden ihr/ihm einen besonderen Platz in unseren Herzen geben."

Auf den ersten Blick scheint es vielleicht, dass man den ganzen Vorgang auch schneller abhandeln könnte. Natürlich kann man das – dann sollte man sich aber der möglichen Konsequenzen bewusst sein. Wenn einzelne Trauerphasen erst nach der Euthanasie und dann noch außerhalb der Praxis oder Klinik auftreten, können Sie selbst nicht mehr erklärend eingreifen. Das hat definitiv Auswirkungen auf die weitere Kundenbeziehung zu diesem Tierhalter. Äußert sich der Tierhalter dann entsprechend negativ über Sie und Ihre Arbeit, kann das auch Auswirkungen auf Kundenbeziehungen haben, die nicht direkt mit dieser Euthanasie in Verbindung standen.

Haben Menschen mit Trauernden zu tun, neigen sie häufig dazu, die Trauernden in Ihrem Denken und Handeln zu unterstützen. Das erscheint in dieser Situation am einfachsten und unkompliziertesten. Mitunter kommt es dann dazu, dass sich die Tierhalter in Ihrer falschen Meinung bestätigt fühlen. Das kann auch Ihre Arbeit und Ihre Arbeitgeber betreffen. Daher ist es zwar anstrengender aber wahrscheinlich besser, alle Phasen der Trauer in der Praxis durchlaufen zu lassen. Sollte sich dann im Nachhinein eine dritte Person negativ zur Euthanasie und Ihrer Behandlung äußern, kann der Tierhalter mit den von Ihnen genannten Argumenten gegenhalten. Das stärkt die Beziehung zu Ihrem Kunden und hat zusätzlich positive Auswirkungen auf Ihr Renommee als sehr gute Adresse für gehobene Tiermedizin. Und all das ist durch die Krisenbewältigung im Rahmen einer Euthanasie zu schaffen!

Die Einteilung der Trauer in verschiedene Phasen wird von Fachleuten kontrovers diskutiert. Es gibt mittlerweile eine Vielzahl von Trauermodellen und man kann einigen etwas abgewinnen. Ob die Trauer nun aber in Phasen oder in einer fließenden Entwicklung verläuft ist nicht der entscheidende Faktor – wichtig ist, dass die **Trauer einen positiven Verlauf** nimmt und dass sich an die Trauer wieder Positives anschließt. Die hier dargestellten Verläufe geben Aufschluss darüber, wie es um die Trauerarbeit eines Menschen bestellt ist und welche Form der Unterstützung angeraten ist oder hilfreich sein kann. Das hier vorgestellte Modell soll eine Hilfestellung bei der Betreuung von Tierhaltern geben, die sich in der Situation einer bevorstehenden Euthanasie ihres Tieres befinden.

EXKURS

Elisabeth Kübler-Ross (* 8. Juli 1926 in Zürich; † 24. August 2004 in Scottsdale, Arizona) war Psychiaterin mit den Arbeits- und Forschungschwerpunkten Tod, Umgang mit Sterbenden, Trauer und Trauerarbeit sowie Nahtoderfahrung. Sie ist eine der Begründerinnen der modernen Sterbeforschung. Elisabeth Kübler-Ross schloss 1957 ihr Medizinstudium an der Universität Zürich ab und siedelte anschließend mit ihrem Ehemann Emanuel Ross in die USA über. 1965 wurde sie Assistenzprofessorin für Psychiatrie an der Medizinischen Fakultät der University of Chicago. Dort hielt sie unter anderem Seminare zur Begleitung Sterbender. Sie bezeichnete sich als intuitive Psychiaterin und verstand ihr Engagement für Sterbende als ihre Berufung.
Kern ihres Buches *Interviews mit Sterbenden* ist ein Phasenmodell, mit dem sie das Erleben und Verhalten Sterbender beschreibt (Kübler-Ross 2001).

3.5 Die Mensch-Tier-Beziehung im Wandel

In diesem Kapitel beschäftigen wir uns mit den Veränderungen der Beziehung zwischen Mensch und Tier im Laufe der Zeit. Zu diesem Zweck greifen wir auf die eine oder andere Statistik zurück, denn Zahlen und Grafiken lassen uns bei vielen Dingen klarer sehen. Wer weniger an Statistiken interessiert ist, kann dennoch die Inhalte nutzen, um mit Spezialwissen zu glänzen. Außerdem kann es Spaß machen, sich insgesamt mit der Tierhalterschaft und den gesellschaftlichen Auswirkungen zu beschäftigen. Ein schöner Nebeneffekt ist es, zu sehen, wo man sich selbst, rein statistisch, in der Gesellschaft der Tierhalter befindet. Dies wird häufig vergessen: Man ist ja selbst auch oft Tierhalter und lebt in einer ganz individuellen Mensch-Tier-Beziehung. Man ist ebenso Kunde im Handel, Patientenbesitzer in der Tiermedizin und vielleicht Teilnehmer an vielen Aktivitäten rund um das Tier.

Bereits seit Anbeginn der Menschheit leben Mensch und Tier in einer Beziehung zueinander. Als Freund oder Feind, als Gefährte oder als Nahrungsquelle. Diese gegenseitige Beziehung hat es beiden Gattungen ermöglicht, zu leben und zu überleben. So wie sich der Mensch weiterentwickelt hat, hat sich auch die Mensch-Tier-Beziehung entwickelt. Lange stand das Tier als Nutztier und Transportmittel dem Menschen zur Seite. Wenn es nicht mehr „funktionierte“, musste es ausgetauscht werden und fand seinen Weg oft in die Mägen seiner Besitzer. Der frühe und schnelle Fortschritt der Menschen ist in diesem Zusammenhang auch Dank der Unterstützung durch (Nutz)Tiere so rasant verlaufen. Bis in die heutige Zeit hing und hängt das Leben oder gar Überleben von tierischen Erzeugnissen ab: Bekleidung und Nahrungsmittel sind hier sicher die wichtigsten Produkte tierischer Herkunft.

Das diese Entwicklung schließlich zur Massentierhaltung geführt hat soll in diesem Buch nicht bewertet werden, aber dennoch eine kurze Erwähnung finden – insbesondere, wenn wir das Thema dieses Buches, die Euthanasie, unter tierethischen Gesichtspunkten betrachten.

Parallel zur Wandlung der Nutztierhaltung haben sich andere Tierarten einen anderen und vermutlich besseren Platz in der Welt des Menschen erarbeitet. Seit der Zähmung des Wolfes durch den steinzeitlichen Menschen hat sich auch die Beziehung zu den Begleittieren bis heute stark verändert – und zwar sehr gegensätzlich zum Nutztier. Einer aktuellen englischen Studie zufolge wurde der Wolf vor etwa 15.000 Jahren zum Hund und damit zum stetigen Begleiter der Menschen. Dies erfolgte also deutlich bevor der Mensch sesshaft wurde (Larson und Fuller 2014). Greger Larson, Professor für Paläogenetik und Bio-Archäologie an der Durham University, Durham , hat in dieser umfangreichen Studie sowohl genetische als auch archäologische Daten von prähistorischen und modernen Hunden ausgewertet. Demnach geschah die zeitgeschichtliche Domestizierung sehr wahrscheinlich sogar zweimal: Vor etwa 15.000 Jahren in Europa und schließlich vor 12.500 Jahren im östlichen Teil Asiens. Beide Entwicklungen fanden unabhängig voneinander statt. Früher wurde angenommen, dass der Wolf nur einmal gezähmt worden war und sich mit seiner Ausbreitung dem Menschen angeschlossen hatte. Wo der Wolf zum Hund wurde, war umstritten. Die Meinungen der Forscher gingen mit den vermuteten Ursprüngen in Europa und Asien auseinander. Da sowohl Wölfe, als auch die frühen Hunde weite Strecken wanderten, wurde eine genaue Festlegung der Ursprünge erschwert. Zusätzlich paarten sich Hunde und Wölfe auch miteinander, was zu einer genetischen Vermischung der beiden Populationen führte, der sich die Forscher annehmen mussten. Erst die Studie von Larson und Fuller (2014) brachte Klarheit in dieses Durcheinander der verschiedenen möglichen Abstammungslinien und Ursprungsorte: Die heutigen Hunde stammen demnach von zwei verschiedenen Wolfspopulationen ab, ihre Vorfahren entwickelten sich zunächst getrennt voneinander in Europa und Asien. Erst vor knapp 5000 Jahren vermischten sich dann ihre Nachkommen, als nämlich die asiatischen Hunde mit ihren Herrchen und Frauchen nach Europa einwanderten und die einheimischen Hunde teilweise verdrängten. Mit der Sesshaftigkeit des Menschen bekam auch der Hund erstmals ein Zuhause.

EXKURS

Deutsche Hundeliebhaber sind dem Ursprungsort der ersten Hunde übrigens besonders nahe: Nach aktuellem Stand stammt das weltweit älteste, sicher einem Hund zugeordnete Fossil aus Bonn-Oberkassel. Dort haben Steinbrucharbeiter vor einigen Jahren die sterblichen Überreste eines Mannes und einer Frau entdeckt – und direkt neben ihnen den Schädelknochen eines Hundes. Dieses knapp 15.000 Jahre alte Grab dreier Gefährten markiert den Beginn einer großen Freundschaft (Filser 2016).

Die Domestizierung der Katze lief deutlich anders ab. Wie es sich heutige Katzenhalter wohl sehr gut vorstellen können, hat eher die Katze den Entschluss gefasst, sich den Menschen anzuschließen – nicht umgekehrt. So gehen Forscher heute von einer Selbstdomestizierung der Katze aus. Ähnlich wie beim Hund lässt sich zeitlich nicht genau beziffern, wann die ersten Katzen einen Nutzen im Zusammenleben mit dem Menschen gesehen haben. Funde auf Zypern legen den Schluss nahe, dass es vor etwa 10.000 Jahren erste engere Annährungen zwischen Katze und Menschen gegeben hat. Man kann davon ausgehen, dass es eine eher lockere Beziehung war. Die genetischen Unterschiede zwischen den Wildkatzen und den heutigen Hauskatzen halten sich daher auch in Grenzen. Es bestand keine Notwendigkeit, sich genetisch stark zu verändern, um sich auf das Zusammenleben mit den Menschen einzustellen.

Die Zucht einzelner und voneinander unterscheidbarer Rassen begann erst vor ungefähr 150 Jahren. Damit fand auch erstmals eine gezielte Domestizierung der Katze statt. Eventuell anstehende Aufgaben der Katzen gaben bei diesen Züchtungen nicht den Ausschlag, es waren ästhetische Gründe, die sich speziell auf Fellfarben und Fellqualitäten bezogen. Die Natur der Katzen blieb weitgehend unangetastet, einzig eine bessere Verträglichkeit mit dem Menschen war zusätzlich gewünscht. Katzenbesitzer schätzen aber ja genau diese Eigenschaften ihrer Samtpfoten: Die Mischung aus eigenem Kopf und Kuschelbedürftigkeit.

Natürlich haben sich auch viele andere Tiere mit der Zeit zu Heim- bzw. Haustieren entwickelt. Speziell Vögel und Fische haben seit langer Zeit einen Platz an der Seite der Menschen. Sie dienen jedoch vielerorts eher der Zierde und nicht als partnerschaftliches Tier. Die Entwicklung zeigt aber bei einigen Vogelarten, wie Wellensittichen, Kanarienvögeln und Finken, dass der Mensch Ihnen durchaus eine andere Rolle zugesteht. Ähnlich verhält es sich bei den gängigen Papageienarten, die sich auch aufgrund ihrer langen Lebenszeit und ihrer Intelligenz einen besonderen Status gesichert haben.

Nagetiere mussten die Vorteile ihrer Gesellschaft gegenüber ihrem Nutzen als Lebensmittellieferanten erst einmal deutlich machen. Die einfache Beschaffung von Nahrung in der industriellen Zeit unterstützte diese Entwicklung zum Haustier natürlich enorm.

Um den heutigen Stellenwert von Tieren benennen zu können, schauen wir uns die verschiedenen Formen der Verwendung von domestizierten Tieren an. Neben der Verwendung als reine Haustiere, werden sie häufig auch als Therapietiere oder in anderen Arbeitsbereichen eingesetzt. Hier stehen sicher die Hunde erneut im Mittelpunkt, aber auch Katzen, Nager und Vögel findet man beispielsweise häufig in Wohneinrichtungen für Kinder und Jugendliche oder auch für behinderte, ältere oder pflegebedürftige Menschen. Eine Umfrage des Instituts für soziale Infrastruktur aus dem Jahr 2012 (Welsch 2012) zeigt, dass die häufigsten Tiere in Alten- und Pflegeheimen verschiedene Vogelarten sind, gefolgt von Fischen, Kaninchen, Katzen und Meerschweinchen. In dieser Rangfolge kommen die Hunde erst auf Platz fünf.

Hunde mit eigenen Arbeitsaufgaben nimmt man deutlich häufiger wahr, da ihr Einsatz häufig in der Öffentlichkeit stattfindet. Man sieht sie beispielsweise als Lawinen-, Rettungs- und Spürhunde in Zeitungen und im Fernsehen. Ihren Dienst als Blinden- oder Assistenzhunde erlebt man mitunter im eigenen Lebensumfeld. Diese Arbeit verdient besondere Anerkennung, da diese Hunde sich komplett in den Dienst ihres Menschen stellen. Wer die Gelegenheit bekommt, sich die Ausbildung dieser Hunde anzuschauen, sollte es auf jeden Fall tun.

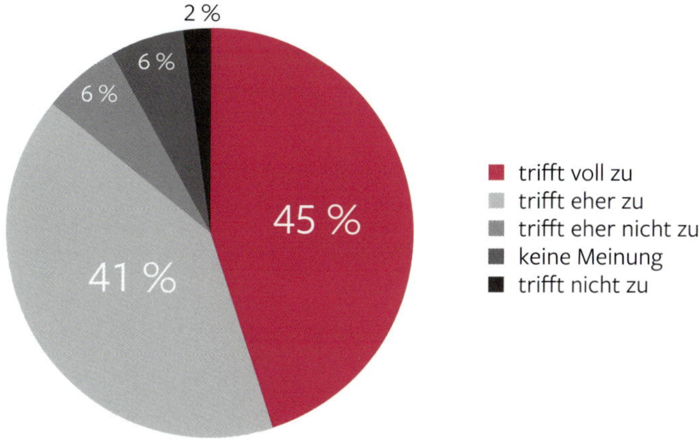

Abb. 3-3 Ein Haustier fördert das Familienleben (Quelle: Statista 2017)

Betrachten wir aber nun die Art der Mensch-Tier-Beziehung, die uns tagtäglich begegnet: Das Leben der Menschen mit einem Haustier. Die Bindung zwischen beiden Parteien ist auch aufgrund der gesellschaftlichen Veränderungen deutlich enger geworden. Wachhund und Mäusefänger waren sie gestern – heute sind sie Lebenspartner und Familienmitglied. Die Zahlen in ▸Abbildung 3-3 liefern dazu den Nachweis: Fast neun von zehn Deutschen denken, dass ein Haustier einen großen Beitrag zu einem guten Familienleben leisten kann. Denken Sie auch einmal über Ihr eigenes Umfeld nach und prüfen Sie diese Werte anhand eigener Beobachtungen und Empfindungen.

3.5.1 Der gesellschaftliche Wandel

Waren es früher die Familienhaushalte, die aus drei oder gar vier Generationen bestanden, sind es heute die Single- oder Pärchenhaushalte, die unsere komplexe Gesellschaft ausmachen. Nach einer Statistik aus dem Jahre 2014, leben 40,3 % der Deutschen in einem Singlehaushalt. Pärchenhaushalte ohne Kinder machen zusätzlich 29 % der Haushalte aus (Quelle: Eurostat). Somit leben mehr als zwei Drittel der Deutschen in einem Haushalt ohne Kinder und zwei Fünftel gar ganz alleine. Der Stellenwert der Tiere, speziell der Haustiere, hat sich in unserer Gesellschaft einem massiven Wandel unterzogen. Das Tier nimmt immer öfter den Platz eines Kindes, eines Partners oder des besten Freundes ein. So ist es auch nicht verwunderlich, dass die Tiere immer mehr Einzug in die Bereiche erhalten, die früher allein den Menschen vorbehalten waren. Viele Arbeitgeber schätzen die Vorteile, welche die Anwesenheit von Bürohunden hat. Die Mitarbeiter schätzen diese Privilegien und sind motivierter und konzentrierter bei der Arbeit. Auch viele Kollegen erfreuen sich daran. Manche haben selbst keine Chance, ein Tier zu halten, kommen aber so in den Genuss, sich tagtäglich mit Tieren beschäftigen zu können. Das Betriebsklima kann dadurch nur gewinnen. Mitarbeiter, die ihr Tier auch zur Arbeit mitnehmen können, sind sicher auch nicht so penibel, was den Feierabend angeht: Partner Tier ist ja dabei und wartet nicht zu Hause. Die Betreuung des Tieres ist somit auch verlässlicher, als durch eine Pension oder Ähnliches. So können auch Menschen ein Tier (vorzugsweise Hunde) halten, die nicht in einer Partnerschaft leben, in der sich der jeweils andere Partner um das Tier kümmert, damit die eigene berufliche Karriere nicht ins Stocken gerät.

Da der Mensch evolutionär gesehen ein „Gruppentier" ist, versucht er verschiedentlich dem Alleinsein zu entkommen. Die moderne Welt hält dafür viele Gelegenheiten parat: Club- und Restaurantbesuche, Fitnessstudios, Kinos sowie Museen und Büchereien. Diese Gelegenheiten verlagern sich aber immer mehr in die eigenen Räume. Das Internet bietet uns das auch alles für zu Hause. So gibt es Online Sportkurse, aktuelle Filme und Serien, Wissensseiten und mehr. Selbst die Partnersuche dauert so nur noch elf (meistens doch mehr) Minuten. Alles ist schnell und einfach zu haben. Echte Bindungen und Beziehungen funktionieren aber immer noch in der Realität am besten. Für die Menschen, die sich gewollt oder ungewollt in die 40,3 % große Gruppe der Alleinlebenden einreihen, ist ein Haustier häufig die einzige Beziehungskonstante im Leben. Dabei spielt die Tierart nicht unbedingt die größte Rolle. Für den Einen geht nichts über einen Hund, jemand anderes bevorzugt

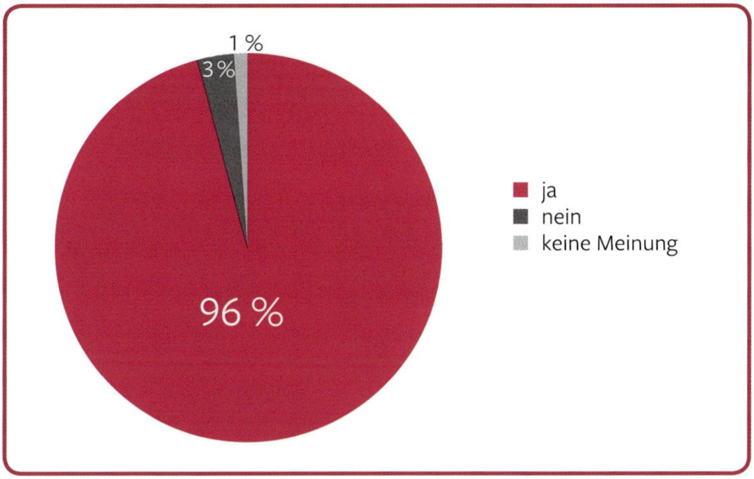

Abb. 3-4 Hat sie die Anschaffung eines Haustieres glücklicher gemacht? (Quelle: Statista 2017)

die Katze und wieder andere teilen sich ihr Refugium mit Vögeln oder Nagetieren. So oder so ist diese Beziehung immer eine „echte" Beziehung. Egal, wie es auf der Arbeit gerade läuft, egal, ob das Date aus dem Online-Portal sich als Fehlgriff erwiesen hat – das Tier zu Hause wird sich immer als guter Zuhörer oder gar als Kuschelpartner erweisen. Verlässlich und ohne eine entsprechende Gegenleistung einzufordern. Viele Menschen geben mittlerweile an, dass sie ihren Tieren mehr Vertrauen und Herzlichkeit entgegenbringen als ihren Mitmenschen. Eine Gesellschaft ist nur so gut, wie der Umgang der Gesellschaft mit den Tieren ist. Man sollte aber dabei nicht zu viel von den Tieren erwarten. Sie sind tolle Begleiter, können aber nicht jedes Problem aus der Welt schaffen. Tiere lösen allerdings nachweislich Glücksgefühle in ihren menschlichen Begleitern aus (▶Abb. 3-4).

Diese Verlässlichkeit hat es den Tieren leichter gemacht, so eng mit ihren Menschen zusammenzuleben. Der Wandel der Gesellschaft tut sein Übriges. Befragt man Menschen ohne Haustier, bekommt man andere Werte zum Glück. Hier herrscht mehr Skepsis, was die Auswirkungen auf das eigene Glück betrifft (▶Abb. 3-5).

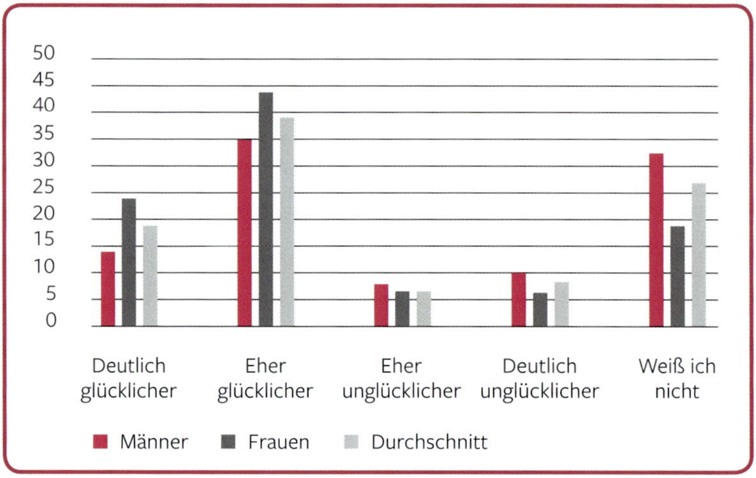

Abb. 3-5 Glauben Sie, dass die Anschaffung eines Haustiers glücklicher macht? (Quelle: Statista 2017)

Betrachtet man beide Statistiken zusammen, erkennt man, dass sich das Glück wohl erst richtig einstellt, wenn der tierische Mitbewohner sich seinen Platz in Herz und Wohnung erobert hat.

3.5.2 Das Tier als Wirtschaftsfaktor

Auch hier bringt der Blick in die Vergangenheit die passenden Nachweise für den Wandel der Mensch-Tier-Beziehung. Anfangs bekamen zahme Haustiere die Reste der erlegten Tiere. Also das, was der Mensch nicht verwerten konnte. Nachdem das Fleisch, das Fell und die Knochen verarbeitet wurden, war der Hund als Jagdbegleiter dran, sich seinen Anteil zu nehmen. Betrachtet man es von der finanziellen Seite, war die früheste Tierhaltung ein kostenloses Vergnügen – schwer vorstellbar in Zeiten von Maßbekleidung und Designerbetten für Haustiere. Lange Zeit hat sich daran nichts geändert. Natürlich gab es auch hier Ausnahmen, für die besonders die Herrscher ihrer Zeit gesorgt haben. Die „normalen" Tierhalter bzw. an Tieren „Interessierte" hatten eher den eigenen Vorteil im Sinn, wenn sie über Haustierhaltung nachgedacht haben.

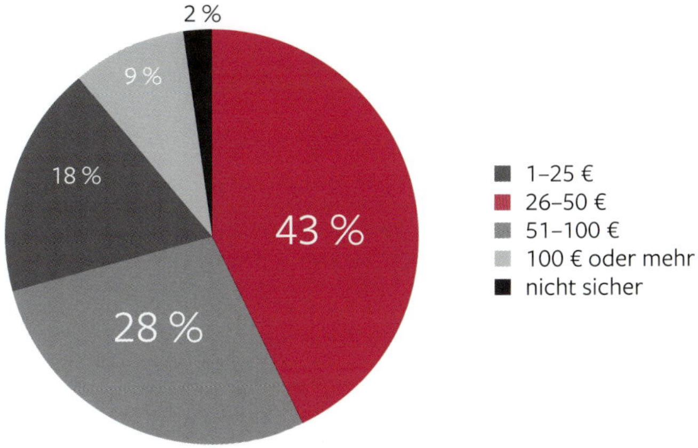

Abb. 3-6 Geschätzte Ausgaben für Haustiere in Deutschland pro Monat (Quelle: Statista 2017)

Bis ins 19. Jahrhundert war das Einkommen bzw. das Vermögen des Tierhalters der entscheidende Faktor dafür, ob sich Tiere über die eine oder andere Extravaganz freuen durften. Besucht man heute verschiedene Tiermessen, findet sich für fast jeden Geldbeutel die passende Ausstattung. Der Trend zu exklusiven Varianten schreitet jedoch weiter fort: Firmen, die in kleinen Serien produzieren und diese zu großen Beträgen verkaufen, findet man in allen Bereichen, vor allem für die Halter von Hunden und Katzen. Das Tier wird dem eigenen (vermuteten) Status angepasst und entsprechend ausstaffiert. Es muss ja zur exklusiven oder schillernden Persönlichkeit der Halter passen. Ob die Tierliebe dann auch in schwierigen Momenten, wie Krankheit oder Tod auffallend und schillernd ist, bleibt abzuwarten. Normalverdienende Tierhalter stellen aber den hauptsächlichen Wirtschaftsfaktor dar. In einer Auswertung aus dem Jahr 2017 sieht man, in welchen Beträgen sich die monatlichen Ausgaben für ein Haustier bewegen (▶ Abb. 3-6).

Rechnet man die Kosten für den Unterhalt, die tierärztliche Versorgung und die Ausstattung zusammen, sind die Beträge aus der Statistik sicher eher überschaubar. Der Deutsche geht auch beim tierischen Einkauf gerne zum Discounter und spart hier zusätzlich, beispielsweise mit Rabattaktionen. Von den knapp 3,2 Milliarden Euro, die im deutschen Handel für Fertignahrung umgesetzt werden, entfallen fast zwei Drittel auf den Lebensmittel-Einzelhandel. Bei den Bedarfsartikeln für das Tier werden von 1 Milliarde Umsatz zirka 80 % im Tierfachhandel getätigt. Inwieweit Tierarztpraxen von Ihrem Fachwissen profitieren, muss jeder Praxisinhaber selbst entscheiden: Viele Tierhalter sehen die Mitarbeiterinnen und Mitarbeiter einer Tierarztpraxis oder Tierklinik als absolute Fachkraft, die sie auch in den Bereichen Futter und Bedarfsartikel um Rat fragen.

3.5.3 Der Wandel in der Tiermedizin

Der beschriebene Wandel des Stellenwertes von Haustieren kommt natürlich auch dem tiermedizinischen Bereich zugute: Die Achtung vor den Mitarbeitern der Praxen und Kliniken steigt und es haben sich in den letzten Jahren weitere tiermedizinische Fachrichtungen entwickelt. Diese Aufgliederung der tierärztlichen Schwerpunkte führt dazu, dass sich immer mehr Tierärzte zu Fachtierärzten unterschiedlicher Ausrichtung weiterbilden. Immer bessere Diagnostikverfahren ermöglichen und beschleunigen diese Entwicklung zusätzlich. Ähnlich wie bei Tierärzten schafft diese Entwicklung auch für Tiermedizinische Fachangestellte verschiedene Weiterqualifizierungen: das Praxis- oder Klinikmanagement, die Physiotherapie, die Homöopathie, die Futtermittelberatung und vieles mehr. Hierdurch lohnt es sich heute mehr als früher, langfristig in diesem Bereich tätig zu bleiben. Auch die Achtung vor dem Berufsstand Tiermedizinischen Fachangestellte ist generell gestiegen.

Die insgesamt positive Entwicklung der tierärztlichen Versorgung spiegelt sich ebenso in der Anzahl der sozialversicherungspflichtig beschäftigten Tierärztinnen und Tierärzte wider: Von 2012 bis 2017 ist die Anzahl von 8873 auf 10.615 gestiegen. Das ist eine prozentuale Steigerung von 19,63 %. Dieser Trend basiert vermutlich darauf, dass sich viele Absolventen zuerst in einem abgesicherten Job ausprobieren wollen. Der Weg in die Selbstständigkeit kann warten oder wird nicht als der passende Weg gesehen. Da es immer mehr weibliche Tiermediziner gibt, ist das Thema finanzielle Absicherung und der Wunsch nach Familiengründung eher mit einem Angestelltenverhältnis zu vereinbaren. Als selbstständig tätige Tierärztin ist das Zusammenbringen von Beruf und Familie deutlich schwieriger. Ein weiterer Effekt ist die Schwerpunktlegung auf die Behandlung von Kleintieren. Bei fast gleichbleibender Zahl an Praxen und Kliniken und der Bedeutung der Massentierhaltung, nimmt die Anzahl der Kleintierpraxen und -kliniken stärker zu. Im Jahr 2013 gab es 5949 Kleintierarztpraxen und Kleintierkliniken, 2016 waren es schon 6157. Das ergibt eine Steigerung von 208 Praxen und Kliniken mit dem Behandlungsschwerpunkt Kleintiere. In Prozentzahlen ausgedrückt ergab sich in den beschriebenen Jahren eine Steigerung von 3,49 %. Im gleichen Zeitraum sank die Zahl der Gemischttierpraxen und -kliniken um 147 Einheiten, das entspricht einem Rückgang von 3,05 %. Details zu diesen Angaben finden Sie in den ▶Abbildungen 3-7 und 3-8.

Die heutige moderne Gesellschaft hält für Tierhalter viele Freizeitaktivitäten mit Tieren bereit. Ratgeberbücher erläutern, wie sie ihre Tiere besser erziehen, ihnen ein aufregenderes Leben bieten und die optimale Tagesstruktur gewährleisten können. Viele Tierhalter bekommen erst durch einen Hund und dafür entwickelte Sportarten selbst in Bewegung:

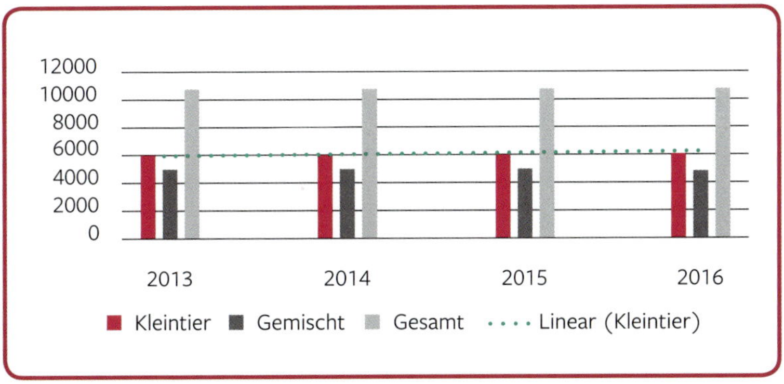

Abb. 3-7 Anzahl der Tierarztpraxen und -kliniken in Deutschland (2013–2016) (Quelle: Zahlenangaben der Bundestierärztekammer)

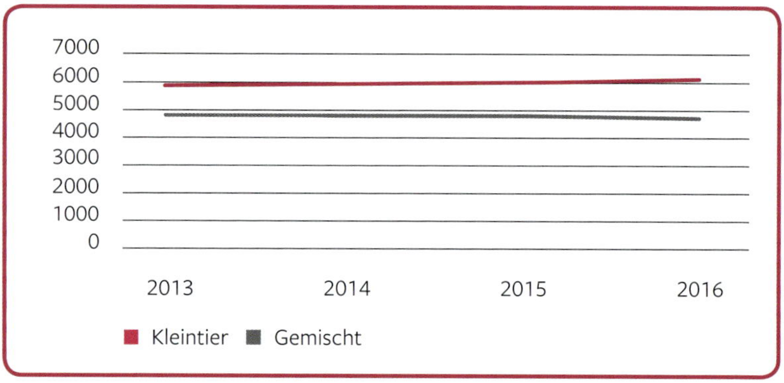

Abb. 3-8 Ausrichtung der Tierarztpraxen und -kliniken in Deutschland (2013–2016) (Quelle: Zahlenangaben der Bundestierärztekammer)

Agility, Maintrailing, Frisbee, Dog Dancing, Wandern mit Hund und viele andere Aktivitäten mehr halten beide Parteien am Laufen. Man kann in Gruppen zusammen Sport machen und sich beispielsweise einer Walking-Truppe anschließen, die immer mit den Hunden unterwegs ist. So haben Hund und Mensch soziale Kontakte, die sie in den eigenen vier Wänden nicht finden.

Die Kontakte durch diese Gruppenaktivitäten können eine Unterstützung sein, wenn es Zeit wird, sich mit dem Ableben des tierischen Partners zu beschäftigen. Häufig ist es allerdings auch so, dass man sich nach und nach aus den Gruppen verabschieden muss, wenn das eigene Tier nicht mehr fit genug ist. Die Unterstützung kann dann geringer ausfallen.

„Es ist doch nur ein Hund." „So ein Aufstand wegen einer toten Katze?" „Du heulst wegen eines Hamsters, echt jetzt?" Solche Fragen und Äußerungen kommen häufig von Menschen, die selbst keine Tiere haben oder jemals hatten. Den Stellenwert eines Tieres können diese Menschen daher auch nicht ableiten oder verstehen. Aus diesem tierfernen Umfeld bekommen trauernde Tierhalter selten notwendiges Verständnis. Die Konsequenzen daraus bemerken Sie dann, wenn es zur Euthanasie kommt und Sie als tierärztliches Team die Tierhalter stützen und unterstützen müssen.

3.5.4 Einsatz von Tieren in anderen gesellschaftlichen Bereichen

Sicher ist die Aussage richtig: Tiere tun uns gut. Viele Tiere haben sehr viel Spaß daran, sich mit Menschen zu beschäftigen. Gerade in den vergangenen Jahrzehnten hat man es verstanden, Tiere so auszubilden und einzusetzen, dass sie uns bei der Betreuung und Therapie von kranken und anderweitig gehandicapten Menschen helfen können. So entstehen ganz besondere und innige Beziehungen zwischen Menschen und Tieren – das gilt es bei einem späteren Abschied zu bedenken.

Auch hier möchten wir einige Fakten liefern, die diese Beziehungen verständlicher und greifbarer machen. Selbst wenn es Ihnen im Beruf nicht direkt nützt, so zeigt es doch deutlich auf, dass Sie als Tiermedizinische Fachangestellte einen sehr wichtigen und wertvollen Beitrag zur Mensch-Tier-Beziehung leisten.

Historisch gesehen ist der Blindenhund wohl der erste anerkannte Hilfshund: Er wird bereits in der Zeit um 1500 herum erwähnt. So heißt es in der spätmittelalterlichen Straßburger Bettelordnung von 1464 bis 1506: „Es soll in Zukunft kein Bettler einen Hund haben oder aufziehen, es sei denn, er wäre blind und brauchte ihn." Der erste offiziell in Deutschland ausgebildete und übergebene Hund nahm 1916 seinen Dienst bei einem ehemaligen Soldaten auf, der im Krieg sein Augenlicht verloren hatte. Ein ausgebildeter Blindenhund kostet von 20.000 bis über 30.000 Euro. In Deutschland gilt der Blindenführhund als Hilfsmittel im Sinne des Krankenversicherungsrechts § 33 SGB V und die Kosten werden bei Vorliegen entsprechender Voraussetzungen von den Krankenkassen übernommen.

Auch für einige Therapieformen werden mittlerweile Tiere hinzugezogen, speziell Pferde und Hunde sind hier im Einsatz. Die Therapien werden dabei zum Teil von den Krankenkassen finanziert, beispielsweise die Kinder-Ergotherapie mit Pferden. Diese Form der Therapie wird dann durch einen Kinderarzt verordnet.

Bei anderen Hilfs- und Begleithunden werden die Kosten leider noch nicht von den Krankenkassen übernommen. Hunde, die beispielsweise

Autisten, Rollstuhlfahrer oder Traumapatienten begleiten, müssen selbst oder über Spenden finanziert werden. Die Kosten sind denen eines Blindenhundes sehr ähnlich. Dies stellt Betroffene bzw. deren Familien vor eine große finanzielle Herausforderung.

Gleiches gilt für die Tiere, die in Heimen für alte, demente oder aufgrund von schweren Unfällen versehrte Menschen wirken. Die Träger der Einrichtungen bekommen keine finanzielle Unterstützung seitens der Krankenkassen, die Finanzierung muss in diesen Fällen privat oder über Spenden erfolgen.

3.6 Können Tiere trauern?

In Edinburgh gibt es einen Friedhof, auf dem angeblich im Jahr 1872 ein Skye Terrier beerdigt wurde. Der Hund erhielt sogar seine eigene Statue und ist fester Bestandteil jeder Stadtführung geworden. Warum? Die Legende von Greyfriars Bobby besagt, dass der Hund nach dem plötzlichen Tod seines Herrchens 14 Jahre lang dessen Grab bewachte. Die Schotten gehen davon aus, dass dieser Hund all die Jahre um sein Herrchen trauerte und den Verlust nicht ertragen konnte. Unter dem Denkmal steht sinngemäß, dass dieser Hund für Treue und Ergebenheit steht und uns allen eine Lehre sein soll. Wir wissen nicht, was Bobby wirklich zum Grab seines Herrchens trieb, aber feststeht, dass Tiere sehr wohl ein Gefühl von Trauer empfinden können. Dabei spielt es keine Rolle, ob man von Trauer um den Besitzer oder Trauer um den Tod eines Spielkameraden spricht.

Das Tiere Emotionen haben, sehen wir alle bei unserer täglichen Arbeit: Wie sehr sich ein Hund freuen kann, wenn es ein Leckerchen nach der Behandlung gibt oder wie deutlich eine Katze ausdrücken kann, dass sie die Blutentnahme für keine gute Idee hält. Immer wieder zeigen auch wissenschaftliche Studien, dass sich Emotionalität bei Tieren zeigen lässt und dass sie in jedem Fall auch Trauer empfinden können

Um Trauer zu empfinden, müssen starke Bindungen zwischen Individuen herrschen. Neben dem Ursprung der Trauer in der sozialen Struktur eines Rudels, einer Herde oder einer Gruppe, spielt eine bestimmte Hirnstruktur eine wichtige Rolle. Denn nur im limbischen System des Gehirns können solche Gefühle produziert und verarbeitet werden. Diese Gehirnstruktur besitzen nicht nur Säugetiere, sondern alle Wirbeltiere (Schulte von Drach 2010).

Gerade Vögel leben oft in monogamen Partnerschaften und trauern um ihre verstorbenen Partner. Im Jahr 2012 musste eine Bahnstrecke in Stralsund gesperrt werden, weil ein männlicher Schwan sich weigerte seine tote Gefährtin dort alleine zurück zu lassen (Ludwig 2014).

Auch Papageien drücken die Trauer um ihren verstorbenen Partner sehr deutlich durch Hungerstreik und Federrupfen aus. Einige allein gelassene Papageien sterben sogar vor Kummer.

Das Gefühl der Bestürzung, welches wir Menschen bei Trauer empfinden, ist in der Tierwelt offenbar ein Stressfaktor, ausgelöst durch den Verlust von Sicherheit. Durch diesen Stress zeigen Tiere oft verschiedene Symptome der Trauer:

- Appetitlosigkeit bis hin zur Abmagerung
- verminderter Spieltrieb
- introvertiertes Verhalten
- Stimmungsschwankungen
- Apathie, plötzliche Lustlosigkeit

Wie wir Menschen können also auch Tiere enorm unter einem Todesfall leiden. Die meisten Haustiere zeigen bereits vor dem Tod des Begleiters Verhaltensänderungen, wenn das andere Tier erkrankt oder zunehmend abbaut. Es ist nicht sicher, ob Tiere den Tod ihrer tierischen Freunde bereits wahrnehmen und ob sie wissen, dass der Kamerad bald sterben wird, aber Anzeichen dafür lassen sich durchaus beobachten. Oft liegt es daran, dass Tiere unsere Emotionen spiegeln und sehr deutlich merken, wenn eine Veränderung bevorsteht. In diesem Trauerprozess verändert sich die Persönlichkeit des Tieres: Eher zurückhaltende Katzen fordern plötzlich viel Aufmerksamkeit, manche Hunde jaulen und suchen den Verstorbenen über Wochen in der Wohnung.

Um seinem Tier dieses herzzerreißende Erlebnis zu ersparen, ist es hilfreich, wenn wir ihm die Chance geben, sich zu verabschieden. Tierhalter sollten ihr zweites Tier ruhig an dem verstorbenen Tierkörper schnüffeln lassen, ihn in der Situation aber nicht bedrängen. Egal, ob das Tier jault, den Toten anstupst oder ihn komplett ignoriert – jedes Verhalten sollte als normal angesehen werden, da wie bei uns Menschen auch jedes Tier unterschiedlich trauert. Viele der Hilfsmittel und Verhaltensweisen, die Sie im Umgang mit trauernden Tierhaltern erlernen, können Sie auch als Hilfestellung für trauernde Tiere mit auf den Weg geben (Shojai 2017).

Folgende Ratschläge können Sie Tierhaltern mit einem trauernden Tier geben:

- Geben Sie Ihrem Tier Zuwendung.
- Reden Sie mit Ihrem Tier möglichst in einem fröhlichen Ton, das Tier nimmt ihre eigenen Gefühle wahr.
- Bemuttern Sie das Tier nicht und belohnen Sie es nicht für deprimiertes Verhalten.
- Lassen Sie Ihrem Tier Zeit.
- Hält der Trauerprozess über mehr als acht Wochen an, können Sie bei Ihrem Tierarzt nach speziellen Nahrungsmittelergänzungen wie L-Trytophan-Tabletten oder Bachblüten fragen, um dem Körper zu helfen, wieder Serotonin („Glückshormon“) auszuschütten.

4 Kommunikation mit dem trauernden Tierhalter

4.1 Warum ist Trauerbegleitung in der Praxis wichtig?

Die Trauer um den Verlust eines Tieres bezieht sich nicht nur auf den Tod selbst, sondern auch um das Sterben gewohnter Rituale. Die Fütterung am Morgen, der große Spaziergang am Abend – all diese Dinge werden nicht mehr benötigt und hinterlassen ein Gefühl der Leere. Denn fallen diese alltäglichen Rituale weg, nimmt es dem Tierhalter Sicherheit und Stabilität im Leben. Dennoch ist der Tod eines Tieres das einzige kritische Lebensereignis, für welches ein angeborenes Bewältigungsformat besteht: die Trauer. Trauern zu können ist dabei sowohl Ausdruck des Verlustes, als auch die Bewältigung und Verarbeitung selbst. Entscheidend ist, welche Bedeutung dieser konkrete Verlust für die jeweilige trauernde Person hat und nicht die objektive Einschätzung von Außenstehenden. Oft genug fühlen sich trauernde Tierhalter allein gelassen, da sie in ihrem Umfeld auf Unverständnis stoßen. Sie hören Sätze wie „Es war doch nur ein Tier." oder „Kauf dir doch einfach ein neues Haustier.". Trauer braucht Gemeinschaft um verarbeitet werden zu können. Daher sind **Zeit, Ruhe und Mitgefühl** für uns die Grundvoraussetzungen im Umgang mit trauernden Tierhaltern.

Irrelevant beim Empfinden von Trauer sind für den Tierhalter dabei sowohl die Art des Tieres als auch die Dauer des Besitzes. Das bedeutet, dass ein Tierhalter über den Verlust einer gerade aus dem Tierheim geretteten Farbratte genauso trauern kann, wie über die Euthanasie seines 15-jährigen Labradors. Man darf die Rolle des Tieres dabei nicht vergessen. Tiere sind aktiver Bestandteil des sozialen Umfelds und beeinflussen uns auf unterschiedlichste Arten. In vielen Fällen sorgt das Haustier erst für die nötige Stabilität in einer Familie, da es ein unermüdliches Gesprächsthema darstellt. Der Tod dieses Tieres bedeutet für die trauernde Familie also einen noch größeren und tieferen Verlust. Die Aufgabe des gesamten Praxisteams ist es dabei, das gesellschaftliche Unverständnis auszugleichen. Oft wird Tierhaltern vorgeworfen, sie haben sich ein Tier angeschafft, da ihnen menschlicher Kontakt widerstrebe, so kennt doch jeder die Geschichte der „Crazy Cat Lady". Neuere Studien belegen jedoch, dass Tierhalter einen signifikant höheren Wunsch haben, sich an andere Menschen anzugliedern. Sie sind auf der Suche nach Gemeinschaft (Voss 2002). Daher muss sich das Praxispersonal vor Augen halten, dass die Euthanasie des Tieres auch Einflüsse auf die psychische Stabilität des Tierhalters haben kann.

In den ersten Wochen nach der Euthanasie des Tieres fehlt dem Tierhalter ein wichtiger Bestandteil seines Lebens, der ihm Halt gibt: die Rituale. Füttern, Spaziergänge, Medikamentengabe, all diese kleinen Aufgaben haben den Tag des Tierhalters strukturiert und fallen nun plötzlich weg. Für den Tierhalter stellt sich oft die Frage, was nun noch der Sinn des Lebens sein soll. Nicht selten beginnen Tierhalter eine neue Zeitrechnung, sie fangen an, die Tage nach der Euthanasie zu zählen. „Heute vor einer Woche wurde mein geliebter Bobby eingeschläfert." – solche Gespräche können Sie auch in der Praxis immer wieder erleben. Meisten überwiegt die Sehnsucht nach einem Tier dann aber doch und der Tierhalter begibt sich wieder aktiv auf die Suche nach einem neuen Haustier. Von unserem Tier entfernen wir uns emotional in der Regel sehr schnell, ohne es zu vergessen.

Für **Kinder** ist dieser Moment gleichzusetzen mit dem Verlust von bedingungsloser Unterstützung und Schutz, die oft nur ein Tier vermitteln kann (siehe dazu auch ▶ Kapitel 4.6). **Ältere Menschen** nehmen ihre eigene Endlichkeit durch den Tod eines Tieres wahr und verlieren dadurch oft die Hauptquelle ihrer sozialen Kontakte.

Aufgrund des hohen Stellenwertes, den ein Tier im Leben des Tierhalters einnehmen kann, ist die Trauer um seinen Verlust in vielen Fällen gleichzusetzen mit dem Verlust eines nahestehenden Menschen. Einige Wissenschaftler vergleichen den Tod des Tieres sogar mit dem Verlust eines eigenen Körperteils (Voss 2002).

4.2 Beitrag der TFA zur Trauerbewältigung

Das angemessene, empathische Verhalten des gesamten Praxisteams ist sehr entscheidend zum Gelingen der Trauerbewältigung beim Tierhalter. Daher sind einige elementare Faktoren zu beachten:

- Hören Sie dem Tierhalter aufmerksam zu und bestätigen Sie ihn durch Wiederholungen, zum Beispiel: „Er hat das alles so tapfer durchgestanden und nie gezeigt, wenn er Schmerzen hatte.“ „Ja, er war wirklich ein tapferer Kämpfer.“
- Zeigen Sie Empathie durch kleine Gesten, wie dem Anbieten von Taschentüchern oder einem Stuhl zum hinsetzen.
- Raten Sie dem Tierhalter nach Möglichkeit eine Bezugsperson zum vereinbarten Termin mitzubringen.
- Halten Sie Blickkontakt und bleiben Sie in der Körpersprache auf einer Ebene mit ihrem Tierhalter: Wenn er steht, stehen Sie auch, wenn er sitzt, beugen Sie sich zu ihm herunter.

Wenn sich eine Euthanasie planen lässt, bietet sich eine **Terminvergabe zum Ende der Sprechzeit** an, damit der Tierhalter möglichst nicht von anderen Patientenbesitzern gestört wird. Auch der vorherige Aufenthalt im Wartezimmer sollte vermieden werden. In dem Moment vor der Euthanasie sollte der Tierhalter bereits ermutigt werden, über den Verbleib des Tieres nach der Euthanasie nachzudenken. Dem Praxisteam fällt dabei die Aufgabe zu, über alle Möglichkeiten der Bestattung kurz zu informieren oder passende Flyer bereit zu legen, damit der Tierhalter eine sachliche Entscheidung treffen kann. Direkt nach der Euthanasie ist es ihm meistens nicht möglich, seine Emotionen zu kontrollieren und so neigen Tierhalter in diesem Moment dazu, eine Entscheidung zu treffen, die sie im Nachgang bereuen. Einige Tierarztpraxen bieten dem Tierhalter mittlerweile sogar an, das verstorbene Tier für eine Nacht in einer gekühlten Umgebung aufzubewahren, damit der Tierhalter über seine Entscheidung nachdenken kann. Egal aus welchem Grund der Tierhalter sein Tier in Ihre Obhut übergibt, das Tier sollte nicht alleine im Behandlungsraum bleiben. Verlässt also der Tierhalter nach der Euthanasie den Behandlungsraum, sollte eine Tiermedizinische Fachangestellte beim Tier bleiben, denn so vermitteln Sie dem Tierhalter die Gewissheit, dass sein Tier mit Respekt und Würde behandelt wird.

Vor der Euthanasie ist es außerdem ratsam, dass der Tierhalter eine **Einverständniserklärung** unterzeichnet, damit die Praxis für eine spätere Diskussion abgesichert ist. Die Balance zwischen Einfühlungsvermögen und rechtlichen Grundlagen ist dabei besonders schwer. Als hilfreich hat sich erwiesen, den Tierhalter vorsichtig darüber aufzuklären, dass er mit dieser Unterschrift bestätigt, dass eine medizinische Weiterbehandlung nicht möglich ist. Zusätzlich sollten Sie vorab klären, ob der Tierhalter wirklich bei der Euthanasie anwesend sein möchte. Um dem Tierhalter bei seiner Entscheidung zu helfen, sollte man gut über den Ablauf der Euthanasie aufklären. Dazu zählen Informationen über:

- Kot- und Urinverlust
- Lautäußerung oder Schnappatmung
- Geöffnetbleiben der Augen

Für das Tier ist es meist beruhigender, wenn der Tierhalter anwesend ist. Auch auf die Psychologie des Tierhalters hat es im Nachgang eine schmerzlindernde Wirkung. Trotzdem sollte kein Tierhalter gezwungen werden, bei der Euthanasie dabei zu sein. Entscheidet sich ein Tierhalter gegen die Anwesenheit im Behandlungsraum, bietet es sich an diese Entscheidung mit einem kurzen „Sind Sie sicher?“ zu hinterfragen. Bleibt der Tierhalter standhaft muss die Entscheidung so hingenommen werden.

Entscheidet sich der Tierhalter dafür, bei der Euthanasie im Behandlungsraum zu bleiben, möchte er oft sein Tier selbst in den Armen halten. Oft zieht dies die Euthanasie aber unnötig in die Länge, da der geschulte Griff einer Tiermedizinischen Fachangestellten auch zusätzlich zur Entspannung des Tieres beiträgt. Auch im Sinne der Arbeitssicherheit sollte dem Tierhalter auf liebevolle aber bestimmte Art gesagt werde, dass es hilfreicher ist, wenn er beim Kopf des Tieres bleibt, es streichelt und beruhigend auf das Tier einredet.

Viele Tierhalter brauchen nach der Injektion einen Moment alleine mit ihrem Tier, um sich in Ruhe zu verabschieden. Nach Lagoni und Butler (1994) sagen Tierhalter in den meisten Befragungen aus, dass sie sich während des Euthanasieprozesses durch den Tierarzt und das Praxisteam gehetzt fühlten. Dies zeigt deutlich, wie wichtig der Faktor Zeit während der Euthanasie ist.

Gibt man dem Tierhalter genug Raum zum Abschied, spielt auch die Bestätigung der Entscheidung eine wichtige Rolle. Angebracht wäre ebenfalls, die eigene Beziehung zu dem Tier auszudrücken: „Ich habe mich immer gefreut, wenn er/sie in die Praxis gekommen ist, auch wenn der Anlass nicht schön war, hat er/sie so viel Freude mitgebracht.“. So motivieren Sie den Tierhalter über schöne Momente mit seinem Tier nachzudenken und Dankbarkeit für die gemeinsame Zeit zuzulassen.

Neben der Entscheidung, was mit seinem verstorbenen Tier passieren soll, ist auch die **Begleichung des Rechnungsbetrags** nach der Euthanasie eine Hürde für den Tierhalter. Das Praxisteam hat nun drei Möglichkeiten:

1. **Begleichung der festgelegten Euthanasiekosten vor der Behandlung:** Als Serviceleistung kann man dem Tierhalter anbieten, dass der „bürokratische“ Teil vorab erledigt wird, da man hinterher sowieso ganz andere Dinge im Kopf hat.
2. **Rechnungsversand per Post:** Wenn möglich, ist der anschließende Rechnungsversand natürlich die serviceorientierteste Lösung für den Tierhalter. Allerdings gibt es auch immer wieder Tierhalter, die mit dem Thema sofort abschließen möchten und es daher vorziehen, auch diesen Teil der Euthanasie hinter sich zu

bringen. Wünscht ein Tierhalter dies nicht, zeigen Sie duch den Rechnungsversand per Post ein hohes Maß an Empathie und Vertrauen. Doch beachten Sie: Wenn der Tierhalter zwei bis drei Tage später den Briefkasten öffnet und ohne Vorwarnung ihre Rechnung erhält, wirft ihn das unter Umständen wieder ungefiltert und ohne Halt in seine Trauer. Hinzu kommt, dass der Rechnungstext in der Regel sehr geschäftlich klingt und keinerlei Gefühle zum Ausdruck bringt. Eine schöne Möglichkeit ist es, der Rechnung eine Trauerkarte beizulegen, damit das ganze Praxisteam sein Mitgefühl zum Ausdruck bringen kann.

3. **Ansprache der Kosten nach der Behandlung:** Wenn es keine andere Option gibt, muss natürlich eine Bezahlung direkt nach der Euthanasie erfolgen. In der Kommunikation ist hierbei weniger mehr: Man kann beispielsweise die Rechnung ausdrucken und ihm diese mit einem einfühlsamen Blick auf den Tresen legen. Entschuldigen Sie sich nicht dafür, dass Sie etwas in Rechnung stellen! Sagen Sie lieber „Wie müssen uns noch kurz über die Kosten für heute unterhalten." oder „Die letzte Rechnung ihres Lieblings habe ich für Sie ausgedruckt."

4.3 Tabusätze im Umgang mit trauernden Tierhaltern

Jeder hat schon einmal davon gehört: Wenn wir mit einem anderen Menschen sprechen, dann geht es nicht nur um den sachlichen Inhalt dessen, was wir sagen, sondern es gibt verschiedene Ebenen der Kommunikation. Jede Botschaft enthält auch eine Aussage über die Beziehung, in der wir zum Gegenüber stehen. Sie sagt etwas über uns selbst aus, und sie kann als Appell verstanden werden. Darum kann eine simple Äußerung wie „Achtung, da vorne ist rot.", vorgetragen vom Ehemann an seine Frau, die das Fahrzeug steuert, zu einem furchtbaren Streit führen.

Wichtig dabei ist auch immer die Verbindung zwischen Sender und Empfänger. Das bedeutet, dass wenn ich etwas sage, mein Gegenüber zwischen den Zeilen einen anderen Inhalt erkennen kann. Erfahrungsgemäß sind die folgenden Sätze zwar inhaltlich gut gemeint, haben meistens aber eine völlig falsche Wirkung auf den Tierhalter:

„Ich weiß genau wie Sie sich fühlen.“ Niemand kann genau wissen, wie eine andere Person ihre Trauer durchlebt. Menschen haben einzigartige Reaktionen auf Schmerz und man kann sich nur ansatzweise vorstellen, was der Tierhalter in diesem Moment fühlt. Gerade, wenn man den Tierhalter noch nicht gut kennt, ist dieser Satz unangebracht.

„Er/Sie ist jetzt an einem besseren Ort.“ Menschen haben unterschiedliche Überzeugungen und Weltanschauungen, daher sollte der Glaube an ein Leben nach dem Tod nicht aufgedrängt werden. Macht der Tierhalter dahingehend eine Bemerkung, sollten wir dieser selbstverständlich zustimmen, auch wenn der persönliche Glaube vielleicht ein anderer ist. In solchen Situationen empfiehlt sich aber eher, den Trauernden nicht aufzumuntern, sondern ihn an schöne Momente mit dem verstorbenen Tier zu erinnern. Sätze wie „Es tut mir leid für Ihren Verlust, er/sie war wirklich ein freundliches Tier.“ oder „Ich habe mich immer gefreut ihn/sie in der Praxis zu sehen, auch wenn der Anlass oft ein schwerer war. Er/Sie war aber immer sehr tapfer.“ bieten sich dafür an.

„Er/Sie ist auch wirklich schon alt.“ Grundsätzlich ist Alter erst einmal keine Krankheit. Festgelegte Lebenserwartungen für unterschiedliche Tierarten und Rassen machen zwar durchaus Sinn, helfen dem Tierhalter in seiner Trauer aber nicht weiter. Für ihn fühlt es sich immer an, als sei es zu früh passiert. Dabei spielt es keine Rolle ob die Katze schon 23 Jahre alt ist oder die Deutsche Dogge mit 13 Jahren erlöst werden muss. Loben Sie diese Tierhalter lieber dafür, dass ihr Tier nur aufgrund von guter Pflege so ein Alter erreichen konnte.

„Sie müssen jetzt stark sein.“ Im Gegenteil: Trauer soll durchlebt werden. In dem Buch „Das Schicksal ist ein mieser Verräter“ schreibt der Autor John Green: „Schmerz verlangt gespürt zu werden.“. Und genauso ist es auch beim Verlust seines geliebten Tieres. Schmerzen müssen manifestiert werden, um den Verlust zu verschmerzen. Hat der Tierhalter ein weiteres Tier, kann es hilfreich sein, Sätze wie „Er/Sie braucht sie jetzt, sie können sich gemeinsam Halt geben.“ zu sagen. Aber

Vorsicht: Es darf nicht so klingen, als spiele man die Trauer herunter, da der Tierhalter ja schließlich noch ein Tier habe!

„Es tut mir leid." Mitleidsbekundungen sind gut und richtig. Zu sagen, dass es einem Leid tut, kann aber auch einen irreleitenden Effekt haben und als Schuldeingeständnis verstanden werden. Der Tierhalter nutzt dies eventuell aus, um die Praxis als Sündenbock für den Tod seines Tieres zu wählen. Drücken Sie Ihr Mitleid lieber durch kleine Gesten aus: Das Anbieten von Taschentüchern oder eine kurze Berührung am Arm sagen oft mehr als Phrasen.

Oft sind wenige Worte aber auch mehr. Trauernde Tierhalter möchten vor allem, dass ihnen zugehört wird und dass ihre Probleme ernst genommen werden. Ganz nach der Redewendung „Reden ist Silber, Schweigen ist Gold" sollte vor allem das Aushalten von Stille ertragen werden. Man spricht hierbei vom „achtsamen Schweigen", da man seinem Gegenüber zuhört und seine Emotionen wahrnimmt, und trotzdem auf die Wirkung der Stille vertraut. Es ist eine wichtige Form des Zuhörens, denn so gibt man dem trauernden Tierhalter Raum und Zeit zu erzählen und zu verarbeiten. Auch bei Tierhaltern, die ihre Trauer durch Wut äußern, ein wahres Wundermittel: Durch Schweigen wird man zum Blitzableiter des Gesprächs, sodass sein Gegenüber seinen Unmut loswerden kann und danach Platz für Trauer ist.

4.4 Körpersprache deuten

4.4.1 Körpersprachliche Signale und was sie bedeuten können

Niemand kann die Körpersprache eines anderen Menschen ganz genau entschlüsseln. Niemand erkennt die Gedankengänge einer anderen Person, nur aus der Beobachtung heraus. Es gibt aber einige Anhaltspunkte, die uns im Rahmen einer tierärztlichen Behandlung bei der Betreuung der Kunden helfen können. Manche Signale zeigen uns schon sehr genau an, was in den Menschen vorgeht, die uns bei der tagtäglichen Arbeit begegnen. Je schwieriger die Situation und je weitreichender die Folgen der Beratung, umso wichtiger ist die Kommunikation mit dem einzelnen Menschen. In den ▶Tabellen 4-1 bis 4-3 möchten wir Ihnen einige körpersprachliche Signale aufzeigen und erklären, was diese in verschiedenen Situationen bedeuten können. Auch wenn es etwas verwunderlich kling – Sie nutzen hier die gleichen Beobachtungstechniken wie beispielsweise Polizisten Dennoch gibt es keine Garantien bei der Deutung.

Mögliche Situationen für die Interpretation körpersprachlicher Signale:

- Besprechung einer kritischen Diagnose
- nicht bezahlte Rechnung
- Kritik an Tierhaltung durch tierärztliches Team
- OP – ja oder nein
- Euthanasie – ja oder nein
- Vorgang der Euthanasie
- Tier äußert Unbehagen bei einer Behandlung/Untersuchung
- Tierhalter hat andere Meinung als das tierärztliche Personal
- Unstimmigkeiten innerhalb einer Tierhalterfamilie
- lange Wartezeit
- schon mitgebrachter Stresspegel
- Festhalten an einer vorgefassten Meinung

Es gibt natürlich noch weitere kritische Situationen, die Ihnen bei der Arbeit begegnen können. Beobachten Sie einfach Ihren Alltag und versuchen Sie, die Signale der Tierhalter in anderen Situationen zu deuten. Gerne können Sie die vorgestellten Situationen mit weiteren Beobachtungen ergänzen.

Gerade bei Anzeichen auf der Stirn muss man im Einzelfall berücksichtigen, dass Frauen, aber auch Männer sich einer Botox-Behandlung unterzogen haben können. Eine dauerhaft glatte Stirn zeugt somit nicht automatisch von Sorgenfreiheit. Wie bei allen nonverbalen Reaktionen können auch hier verschiedene Signale zusammen oder nacheinander auftreten. Daher ist ein regelmäßiges Beobachten in solchen Stresssituationen erforderlich – wenn es die Situation denn möglich macht.

Tab. 4-1 Signale mit oder an dem Kopf

Körpersprachliche Signale	Mögliche Deutungen
Tierhalter zupfen am oder massieren das Ohrläppchen	Kann Zweifeln, Zögern oder das Abwägen von Möglichkeiten bedeuten
Tierhalter kratzen sich am Kopf	Eine Beruhigungsgeste – Tierhalter ist angespannt und zeigt einen inneren Konflikt
Tierhalter fahren sich mit den Händen durch die Haare	Eine Beruhigungsgeste – ein Hinweis auf Besorgnis oder Zweifel
Tierhalter spielen mit den Haaren – Wichtig: Handfläche zeigt zum Kopf	Eine Beruhigungsgeste, die häufig von Frauen angewandt wird (Haare drehen, glatt streichen etc.)
Tierhalter ziehen sich an den Haaren (Augenbrauen, Wimpern, Barthaare etc.)	Eine Beruhigungsgeste, die häufig von Männern angewandt wird (ähnlich wie bei Vögeln, die sich bei Stress Federn ausrupfen)
Tierhalter zeigen ein bestätigendes aber unbewusstes Nicken	Verbale Aussage (Nein) passt nicht zum körperlichen Signal – kann eine eigentliche Zustimmung zeigen
Tierhalter reiben den Haaransatz oder den Hinterkopf	Stresssignal – bei häufiger Wiederholung kann es enormen Stress anzeigen
Tierhalter reiben oder massieren die Stirn	Kann Zweifel oder Sorgen signalisieren
Tierhalter kneifen die Augenbrauen zusammen	Ein Zeichen für Sorgen, Probleme oder eine Abneigung zu erfolgten Äußerungen
Tierhalter pressen die Hand an die Stirn	Eine Beruhigungsgeste – nicht mit dem Schlagen der Hand gegen die Stirn verwechseln

Tab. 4-2 Signale mit oder an den Augen

Körpersprachliche Signale	Mögliche Deutungen
Tierhalter ziehen die Augenbrauen hoch	Eine Situation (positiv oder negativ) wird wiedererkannt, kann aber auch Erstaunen anzeigen

▶▶

Tab. 4-2 Signale mit oder an den Augen

Körpersprachliche Signale	Mögliche Deutungen
Tierhalter zeigen erweiterte Pupillen	Ein positives Signal – es zeigt an, dass unser Gegenüber positiv gestimmt ist
Tierhalter zeigen verengte Pupillen	Negative Gefühle oder Gefahren werden so angezeigt. Eine Steuerung des Gehirns, damit die Gefahr möglichst scharf gesehen werden kann
Tierhalter schließen die Augen länger als normal	Eine abwehrende Geste – kann Missfallen, Besorgnis oder Betroffenheit signalisieren, den Tatsachen nicht ins Auge blicken wollen
Tierhalter halten die Augen geschlossen und reiben zeitgleich den Nasenrücken	Kann eine Kombination aus Abwehr und Beruhigung sein – Hinweis auf große Sorgen oder gar Angst, auf Unsicherheit oder Antipathie
Tierhalter zeigen Augenflattern	Viele Wiederholungsgesten sollen beruhigen – eine neue Information kann nicht gefasst werden, unser Gegenüber findet die passenden Worte nicht (wenn ein Mensch von Hause aus, so ein Flattern zeigt, sollte diese Deutung nicht vorgenommen werden)
Tierhalter zeigen ein Zucken unter dem Auge	Hinweis auf Stress, Sorgen, Zweifel oder gar Angst – dieses Signal kann im Gegensatz zu anderen Signalen nicht aktiv gesteuert werden
Tierhalter zeigen einen unruhigen Blick	Kann das Verarbeiten einer negativen Situation oder Information anzeigen – Analyse und/oder das Abwägen von Möglichkeiten
Tierhalter blinzeln häufiger	Anzeichen für Stress oder Nervosität – wenn zeitgleich nach oben gesehen wird, kann es sein das Tränen zurückgehalten werden sollen
Tierhalter weinen	Auch das Weinen dient der Beruhigung und dem Stressabbau. Menschen, die sich „ausgeweint“ haben, können wieder klarer denken und kommunizieren

Die Augenmuskulatur kann schneller reagieren, als andere Muskelgruppen. Daher treten zueinander passende Signale mitunter nacheinander auf. Wenn man körperliche Signale wahrnimmt, oder wahrzunehmen denkt, sollte man sich bei den Augen „rückversichern". Ist die Augenpartie entspannt, ist wahrscheinlich alles ok.

Neben den Augen finden wir speziell im Gesicht eine Vielzahl von körperlichen und nonverbalen Reaktionen. Wie schon bei den Augen erwähnt, finden manche Signale nacheinander oder gleichzeitig statt und können so auch die Deutung genauer gestalten. Manchmal können sich die Beobachtungen aber auch widersprechen. Lieber genauer und häufiger hinsehen, als sich zu schnell eine Meinung über das Befinden des Gegenübers zu bilden. In der nachfolgenden ▶ Tabelle 4-3 fassen wir daher Signale der Nase, der Lippen und des Mundes zusammen.

Tab. 4-3 Signale mit der Nase, den Lippen und dem Mund

Körpersprachliche Signale	Mögliche Deutungen
Tierhalter berühren nur kurz die Nase mit dem Zeigefinger	Die Geste soll bei Anspannung oder Stress beruhigen, wenn nach außen hin zugleich Souveränität gezeigt werden soll
Tierhalter rümpfen die Nase	Zeigt sehr zuverlässig Missfallen auf
Tierhalter spielen (zupfen, quetschen, kratzen etc.) an der Oberlippenrinne oder den Lippen	Eine Beruhigungsgeste – fällt je nach Mensch oder Stresslevel unterschiedlich aus
Tierhalter belassen den Zeigefinger länger an der Nase oder den Lippen	Ein Hinweis auf Nachdenklichkeit oder Besorgnis
Tierhalter beißen sich auf die Lippe	Eine Beruhigungsgeste – kann Stress oder Sorgen ausdrücken. Bei manchen Menschen aber auch Wut
Tierhalter lecken sich die Lippen	Eine Beruhigungsgeste – die erwachsene Variante vom Daumenlutschen

▶▶

Tab. 4-3 Signale mit der Nase, den Lippen und dem Mund

Körpersprachliche Signale	Mögliche Deutungen
Tierhalter ziehen die Lippen ein oder pressen sie stark aufeinander	Beides kann Stress und Besorgnis anzeigen – wird das Aufeinanderpressen nicht gelöst, kann das auf Verschließen einer Situation oder Information gegenüber hindeuten
Tierhalter lassen die Mundwinkel hängen	Hinweis auf großen emotionalen Stress oder große Besorgnis
Tierhalter atmet kurz aber tief aus	Kann ein Hinweis auf großen Stress oder eine frustrierende, unangenehme Situation sein
Tierhalter hält die Luft an	Kann Ausdruck für die sogenannte Schockstarre sein und geht oft mit unerwartet schlechten Nachrichten einher
Tierhalter „bearbeiten" die Wange(n) (von innen mit der Zunge, von außen mit Fingern oder den Händen)	Zeichen von innerer Anspannung, dienen dem Stressabbau
Tierhalter berühren oder bedecken den Hals	Kann tiefe Sorgen oder großen Stress anzeigen – beides dient der Beruhigung. Bei Frauen wird das auch mit dem Spielen an der Halskette, bei Männern mit dem Richten von Kragen oder Krawatte erreicht
Tierhalter schlucken schwer und hörbar	Kann eine Reaktion auf eine sehr beunruhigende Nachricht oder eine sehr belastende Situation sein

Ein weiterer Körperbereich, den wir zur Deutung der Gemütslage der Tierhalter heranziehen können, ist der Oberkörper. Auch hier zeigt der Mensch unbewusste Reaktionen, die uns Hinweise zum Gefühlsleben geben können (▶ Tab. 4-4).

Grundsätzlich lässt sich sagen, dass Menschen, die sich in einer Situation wohl fühlen, mehr Raum einnehmen. Das zeigt sich beispielsweise durch einen breiten Stand, durch Sitzen mit gespreizten Beinen, das Ablegen eines Armes auf einen benachbarten Stuhl oder durch ausla-

Tab. 4-4 Signale am Oberkörper und den unteren Extremitäten

Körpersprachliche Signale	Mögliche Deutungen
Tierhalter ziehen beide Schultern hoch	Sieht es so aus, als ob sich der Kopf zwischen den Schultern verstecken möchte, kann dies ein Zeichen für starke Verunsicherung sein
Tierhalter reiben sich die Schulter oder das Schlüsselbein	Kann ein Zeichen für Stress oder Verunsicherung sein
Tierhalter massieren sich wiederholt mit Daumen und Zeigefinder den Brustbereich	Anzeichen für starke Verunsicherung, Sorge oder gar Angst
Tierhalter spielen mit Gegenständen herum	Das kann eine Halskette, das Schlüsselbund oder auch andere Gegenstände sein. Es dient der Beruhigung in einer längeren Periode der Anspannung. Beispielsweise bei der Erläuterung von kritischen Untersuchungsergebnissen
Tierhalter ringen mit den Händen	Je nach Intensität kann man das Ausmaß der Sorge und der Anspannung vermuten
Tierhalter kauen an den Nägeln	Die ist wohl die bekannteste Methode, wie Menschen Stress abbauen. Selbst Menschen, die sonst nicht dazu neigen, können bei großem Stress diese Geste ausführen
Tierhalter massieren sich die Faust	Deutet auf große Anspannung hin. Es kann aber auch ein Zeichen dafür sein, dass sich jemand zurückhalten muss eine kritische Reaktion zu zeigen
Tierhalter schnippen die Fingernägel der eingerollten Finger gegen den Daumennagel	Eine Beruhigungsgeste für starken Stress

▶▶

Tab. 4-4 Signale am Oberkörper und den unteren Extremitäten

Körpersprachliche Signale	Mögliche Deutungen
Tierhalter äußern, dass sie trotz angenehmer Temperaturen frieren	Deutet auf eine extreme Anspannung hin, der sich die Person am liebsten entziehen möchte. Aufgrund der „Fluchtgedanken" werden die Muskeln stärker durchblutet und die Haut dafür weniger
Tierhalter reiben ihre Hände an den Oberschenkeln	Eine Beruhigungsgeste – durch das rhythmische Reiben auf der Haut lenkt sich der Mensch ab. Das ist bei vielen Beruhigungsgesten der Fall
Tierhalter drehen sich vom Behandlungstisch ab	Diese Geste gibt es in unterschiedlichen Ausführungen. Wenn sich die Füße Richtung Ausgang drehen, kann es sein, dass die Tierhalter eine „Flucht" aus der Situation vorbereiten. Wenn sich der Oberkörper wegdreht, möchte der Tierhalter womöglich Abstand zur Situation gewinnen.

dende Gesten. Je stärker sich der Mensch also in seiner gezeigten Körperhaltung zusammenzieht, umso mehr kann eine innere Anspannung daraus abgeleitet werden. Beobachten Sie einfach Menschen in Ihrer Umgebung und verwenden Sie diese neu gewonnenen Erkenntnisse bei Ihren Beobachtungen. Die Industrieausstellungen der großen Kongresse sind dafür besonders geeignet. Hier wechseln sich ständig Gesten bei den handelnden Personen ab.

4.4.2 Das limbische System

Stellt man sich die Frage, wo alle die beschriebenen Reaktionen herkommen und warum man sie häufig ausführt, ohne es zu selbst zu merken, kann fast alles mit einem Begriff erklärt werden: das limbische System (▶ Abb. 4-1). Vereinfacht gesagt wird dort das Überleben in kritischen Situationen sichergestellt. Heutzutage sind das zwar keine Raubtiere oder verfeindeten Stämme mehr, Stress, Angst und Anspan-

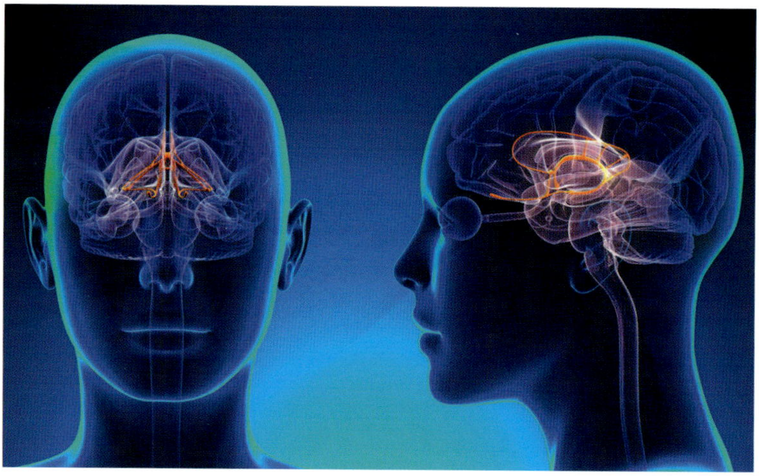

Abb. 4-1 Das limbische System

nungen hat der Mensch in der heutigen Zeit aber noch genug. Wenn damals das Auftauchen einer Säbelzahnkatze das physische Leben in Gefahr brachte, sind es heute Situationen, die die von uns gewünschte Lebensweise bedrohen. Streitgespräche in der Beziehung oder im Beruf, schlechte Nachrichten, denen wir ausweichen wollen und der drohende Verlust eines treuen Begleiters. Auch wenn die Situationen neu sind, die Reaktionen sind so alt wie die Menschheit.

Seinen Namen verdankt dieser besondere Teil des Gehirns dem französischen Mediziner Paul Broca. Er leitete ihn aus dem lateinischen Wort „limbus" ab, was übersetzt Saum bedeutet, da dieses Areal andere Bereiche des Gehirns einsäumt. Bis heute ist nicht endgültig geklärt, welche Bereiche alle zum limbischen System gehören und in welchem Verhältnis sie zu den anderen Arealen des Gehirns stehen.

EXKURS

Die wichtigsten Bestandteile und Aufgaben des limbischen Systems

Die Amygdala: Man kann sie auch die Emotionszentrale nennen. Neben vielen positiven Gefühlen ist sie auch für die Angst und die Fluchtreflexe verantwortlich. Da die Amygdala ein eigenes Gedächtnis hat, verbindet Sie Erlebnisse mit Emotionen. Beispielsweise wenn man sich am Ofen die Finger verbrannt hat.

Der Hippocampus: Er nimmt Informationen aus verschiedenen Bereichen des Gehirns auf, verarbeitet und sortiert sie. Wichtige Informationen werden an das Langzeitgedächtnis übergeben.

Der Hypothalamus: Der Hormonproduzent arbeitet mit der Amygdala zusammen. Er veranlasst zu den Emotionen die passende Hormonausschüttung, z. B. Kortisol bei Stress, und kann auch Oxytozin produzieren, beispielsweise wenn wir körperliche Zuwendung erhalten. Daher wird Oxytozin auch das „Kuschelhormon“ genannt, es wirkt verbindend und beruhigend.

In der Hauptsache haben sich drei Reaktionen zur Bewältigung kritischer Situationen herausgebildet, die wir alle immer wieder zu sehen oder zu spüren bekommen: Schockstarre, Flucht oder Kampf.

Die **Schockstarre** ist die erste Reaktion, wenn man überraschend auf eine gefährliche Situation trifft. In den frühen Jahren der Menschheit handelte man so, wenn man beispielsweise ein Raubtier entdeckte. Bewegungslos wartete man darauf, dass sich das Tier entfernt. Da die eigene Bewegung dem Tier signalisieren konnte, dass eine lohnende Beute in der Nähe war, entwickelte das limbische System die Schockstarre. Heute sieht man diese Reaktion immer noch bei Menschen, die Zeuge einer schwerwiegenden Begebenheit werden. Bezogen auf die tierärztliche Arbeit kann es sich dabei zum Beispiel um eine schwerwiegende Diagnose handeln.

Kann die Schockstarre die Lage nicht verbessern oder gänzlich entschärfen, wägt das Gehirn ab, welche der zwei anderen Reaktionen das Beste wäre. **Flucht** aus der Situation oder in den **Kampf** ziehen. Beides sollte in tierärztlichen Praxen und Kliniken möglichst vermieden werden: Tierhalter, die nach der erschütternden Diagnose aus dem Behandlungsraum rennen ebenso wie schimpfende und wild gestikulierende Tierhalter, die man wiederum selbst auf Abstand halten muss.

Empfangen wir also emotionsbedingte Körpersignale von unseren Kunden, können und sollten wir entsprechend gegensteuern. Eine Berührung am Arm in einer gestressten Atmosphäre, beruhigende und unterstützende Äußerungen, wenn Tierhalter die Fassung verlieren und viele andere Situationen. Im ▶Kapitel 4.5 gehen wir auf die Erfordernisse der abgestimmten Kommunikation ein. Um Signale der Kunden erfassen zu können, müssen sie oder er immer wieder beobachtet werden. Da bei einer Behandlung oder im Rahmen einer Euthanasie niemand unentwegt angestarrt werden kann, ist es wichtig, sich in solchen Situationen im Team abzustimmen.

Es gibt eine Vielzahl von Situationen und Menschen, daher kann man keinen klaren Handlungsauftrag formulieren. Frei nach dem Motto: Wenn ein Mann sich so verhält wird er erstmal ordentlich geknuddelt – oder wenn eine Frau diese Reaktion zeigt, reiche ich ihr ein Taschentuch. Lernen Sie aus Ihrem Alltag, aus Ihren Beobachtungen und tauschen Sie sich im gesamten Team darüber aus. Ein angemessenes und auf die verschiedenen Kunden abgestimmtes Verhalten ist ein besonderes Element der Kundenbindung und führt zu positiven Reaktionen der Tierhalter. Vom ehrlichen Danke, über eine gute Bewertung im Internet bis hin zum sonst vielleicht unüblichen Trinkgeld.

EXKURS

Die in diesem Kapitel vorgestellten Ergebnisse beruhen hauptsächlich auf den Forschungen und Arbeiten von zwei Männern, die sich es sich zur Aufgabe gemacht haben, die körpersprachlichen Signale der Menschen zu entschlüsseln: Paul Ekmann und Joe Navarro. Auch wenn die Gründe der Erforschung bei beiden Herren unterschiedlich waren (allgemeingültige Körpersprache bei unterschiedlichen Völkern bei Paul Ekman und Kriminalistik bei Joe Navarro), so haben beide das Verständnis für diese Art der Kommunikation gesteigert.

Paul Ekmann ist emeritierter Professor für Psychologie an der Universität von Kalifornien in San Francisco, vielfacher Bestsellerautor und einer der weltbesten Experten für nonverbale Kommunikation. Seit mehr als vierzig Jahren erforscht er, wie Gefühle entstehen, wie sie sich äußern und wie man sie in anderen lesen kann. Jeder, der heute in einer US-Botschaft – egal in welchem Land – oder bei der Einreise ein Visum ausgestellt bekommt, wird von einem Menschen befragt, der nach Ekmans Methoden geschult ist. Ekman hat außerdem ein komplexes Codier-System entwickelt, mit dem die Kameras in amerikanischen Flughäfen bestimmte Gesichtsausdrücke identifizieren können. Seine Arbeit floss auch ein in die Fernsehserie „Lie to me“, in der ein Verhörspezialist bei Verdächtigen nach Hinweisen auf Lüge oder Wahrheit sucht. Für diese Serie arbeitete er auch als Berater.

Für dieses Kapitel genutzte Bücher und Leseempfehlungen:

- Paul Ekmann (2016): Gefühle lesen. Spektrum Verlag, Heidelberg.
- Paul Ekmann (2011): Ich weiß, dass Du lügst. rororo Verlag, Reinbek.

Joe Navarro, Jahrgang 1953, kam mit acht Jahren aus Kuba in die Vereinigten Staaten von Amerika. Aufgrund fehlender Englischkenntnisse erkannte er schnell die Vorteile der nonverbalen Kommunikation im Austausch mit den Amerikanern. Im Erwachsenleben arbeitete er für das FBI in der Abteilung Spionageabwehr. Er entlarvte Spione bei Falschaussagen und enthüllte dabei die wahren Gedanken und Gefühle der Verhörten. Heute unterrichtet er an Universitäten, gibt Seminare für Führungskräfte und verfasst Bücher zum Thema nonverbale Kommunikation und wie man diese für eigene Ziele einsetzen kann. Als wichtigsten Grundlagengeber seiner Arbeit und Methodik nennt er in seinen Büchern immer wieder Paul Ekman.

Für dieses Kapitel genutzte Bücher und Leseempfehlungen:

- Joe Navarro (2010): Menschen lesen. mvg Verlag, München.
- Joe Navarro (2011): Menschen verstehen und lenken. mvg Verlag, München.

4.5 Fallbeispiele

4.5.1 Fall 1: Überemotional trauriger Tierhalter

Frau Schmidt hat einen 11-jährigen Labrador Retriever namens Sam mit starker Arthrose. Die Euthanasie ist vor der Sprechstunde geplant, Sam bleibt im Kofferraum, da er sich kaum noch bewegen kann.

Was sollte die TFA zusätzlich zur normalen Vorbereitung einer Euthanasie für diesen Termin bedenken?

Kann die Euthanasie im Auto stattfinden? (▸ Abb. 4-2) Wo steht das Auto? Ist dort ein ruhiger Platz oder fahren Leute vorbei? Soll die Besitzerin eventuell noch einmal umparken bevor sie aussteigt? Hat die Besitzerin im Auto genug Platz zum Sitzen neben ihrem Tier?

Möchte Frau Schmidt Sam Zuhause beerdigen oder ihn vom Krematorium abholen lassen? Wenn der Hund in der Praxis verweilen soll, bis er vom Krematorium abgeholt wird, macht eine Euthanasie im

Kofferraum wenig Sinn. Besteht die Tierhalterin trotzdem darauf, sollten schon eine Trage und eine Decke bereit liegen, damit Sam anschließend würdevoll und geschützt in die Praxis getragen werden kann. Vorab Tierhalter im Wartezimmer oder an der Anmeldung so abschirmen, dass man ungestört reinkommen kann.

Muss Frau Schmidt zum Bezahlen in die Praxis kommen oder ist eine Bezahlung draußen möglich? Kann die Rechnung eventuell per Post versendet werden? Bleibt der Hund im Auto und wird von der Tierhalterin wieder mit nach Hause genommen, wäre es im Sinne der Tierhalterin, dass Sie Ihr Tier nicht alleine im Auto lassen muss. Ideal wäre also eine Abwicklung direkt am Auto. Dann sollten auch alle benötigten Unterlagen (Rechnung, Totenschein etc.) mit überreicht werden. Um keine lange Wartezeit entstehen zu lassen, kann dies von der Tiermedizinischen Fachangestellten bereits während der Abschiedszeit vorbereitet werden. Dann kann man alle benötigten Unterlagen schon zum Auto mitnehmen. Ein guter Einstieg ins Gespräch wäre: „Frau Schmidt, ich habe für Sie schon alles vorbereitet, wollen wir die Rechnung auch hier draußen besprechen? Dann sind sie die ganze Zeit bei Ihrem Liebling.“
→ Positive Aussage am Anfang und am Ende, Rechnung scheint eher wie beiläufig erwähnt.

Kernpunkte bei der Kommunikation mit überemotional traurigen Menschen

- Den Tierhalter aussprechen lassen.
- Bei einer Euthanasie präsent sein, aber nicht zu viel reden. Trost durch aktives Zuhören und wiederholen von Kernaussagen der Tierhalter, beispielsweise „Sie haben medizinisch alles versucht.“ oder „Er war wirklich ein Kämpfer.“ spenden Trost.
- Dem Tierhalter Zeit für Verabschiedung geben, trotzdem mit souveräner Stimme den weiteren Weg vorgeben: „Ich lasse Sie jetzt noch einen Moment alleine mit Ihrem Liebling, dann können Sie in Ruhe Abschied nehmen. Ich sehe dann in 15 Minuten noch

Abb. 4-2 Euthanasie im Auto des Tierhalters

einmal nach Ihnen, in Ordnung? Rufen Sie, wenn Sie etwas brauchen." → So gibt man dem Tierhalter einen klaren Weg vor, dies vermittelt ein Gefühl der Sicherheit. Trotzdem fühlt sich der Tierhalter sich gut betreut, da man ihm auch Verständnis und Empathie entgegenbringt.

- Keine Aussagen wie „Ich weiß genau wie Sie sich fühlen." oder „Jetzt wird es ihm besser gehen." – diese können falsch aufgefasst werden.

4.5.2 Fall 2: Das Haustier gehört einem Kind

Frau Müller ist mit Ihrem 9-jährigen Kind und dem 5-jährigen Meerschweinchen Paul auf dem Weg in die Praxis. Die Euthanasie ist zum Ende der Sprechstunde geplant, es ist kurz vor 12 Uhr und Frau Müller kommt mit dem Meerschweinchen in einer Transportbox in die Praxis.

Was sollte die TFA zusätzlich zur normalen Vorbereitung einer Euthanasie für diesen Termin bedenken?

Soll das Tier im Garten beerdigt werden? Dann am besten ein kleines Nest aus einem Pappkarton mit etwas Zellstoff oder Heu auslegen, sodass das Tier dort seine letzte Ruhe finden kann. Zusätzlich könnte auf dem Karton der Name des Tieres vermerkt sein. Der Tierhalter muss den leblosen Tierkörper Zuhause dann nicht aus der Transportbox herausholen, sondern kann das Tier direkt im Karton beerdigen.

Soll das Kind bei der Euthanasie dabei sein? Dies ist vorab mit den Eltern zu klären. Grundsätzlich spricht nichts dagegen, es ist aber die Entscheidung der Eltern. Eventuell ist es hilfreich, eine zweite Tiermedizinische Fachangestellte dazu zu holen, die sich um das Kind kümmern kann, solange die Euthanasie durchgeführt wird.

Kernpunkte in der Kommunikation mit Kindern während der Euthanasie

- Mit dem Kind sprechen, wenn es Fragen hat und sich durch Körpersprache auf Augenhöhe begeben (z. B. in die Knie gehen oder sich neben das Kind setzen).
- Im Behandlungsraum vor jedem Schritt erklären was jetzt passiert und nicht unbedacht handeln.
- Keine zu blumige Sprache benutzen, Kinder gehen in der Regel sehr natürlich mit dem Tod um und sind vielleicht durch Sätze wie „Paul schläft jetzt." eher irritiert.
- Keine religiöse Richtung vorgeben, beispielsweise „Paul ist jetzt im Himmel.", wenn das Kind fragt, kann man aber ruhig zustimmen.

Siehe hierzu auch ▸ Kapitel 4.7.

4.5.3 Fall 3: Skeptischer Tierhalter

Herr Meyer ist 65 Jahre alt und muss heute seinen 10-jährigen Schäferhund Rex einschläfern lassen. Er war all die Jahre Kunde in der Praxis, hat sich zum Schluss aber noch drei andere Meinung eingeholt um sicher zu gehen, dass es wirklich keine Behandlungsmöglichkeit mehr für Rex gibt. Herr Meyer hält sein Leben lang Schäferhunde und kennt sich fachlich ein bisschen aus. Er hinterfragt jeden Schritt und will alles ganz genau wissen, besonders die Beratung im Anschluss der Euthanasie ist ihm sehr wichtig.

Was sollte die TFA zusätzlich zur normalen Vorbereitung einer Euthanasie für diesen Termin bedenken?

Kennen Sie Ihre Kunden. Ich rate grundsätzlich immer dazu, vor der Euthanasie einen Blick in die Karteikarte zu werfen. Sie sollten grob wissen, wieso das Tier nun eingeschläfert werden muss. Eventuell finden Sie in vorherigen Befunden auch hilfreiche Tipps über den Tierhalter: War er vorab noch bei einem anderen Tierarzt oder Tierheilpraktiker etc. Wenn man vorab auf diese Zusatzinformationen eingehen kann, nimmt man dem skeptischen Tierhalter die Verunsicherung. Man begegnet sich bereits bei Gesprächsbeginn auf Augenhöhe und muss nicht erst sein Vertrauen gewinnen.

Vorbereitung ist das halbe Leben. Wenn Sie wissen, dass dieser Tierhalter es immer sehr genau wissen will, bereiten Sie sich dementsprechend auf den Termin vor. Legen Sie sich Flyer oder Broschüren zurecht, die Sie vielleicht als optische Unterstützung für Ihre Erklärungen benötigen und sorgen Sie vor allem für Ruhe. Wenn Sie selbst im Stress sind, passieren Flüchtigkeitsfehler, die dieser Tierhalter am allerwenigsten verzeiht. Fokussieren Sie sich auf diesen den Termin und lassen Sie keine Zwischenfragen von Kollegen zu.

Kernpunkte in der Kommunikation mit skeptischen Tierhaltern während der Euthanasie

- Oberste Regel: Wenn man eine Antwort nicht weiß, darf man sich nichts ausdenken! Besser offen zugeben und sagen, dass man sich um Informationen kümmert. In dieser Situation sollte man den Tierhalter aber nicht wegen jeder kleinen Frage alleine lassen, weil man den Arzt sucht. Lieber so etwas sagen wie „Das kann ich Ihnen gerade nicht beantworten, aber wir können das gerne im Anschluss mit dem Tierarzt besprechen." oder „Wenn Sie möchten erfrage ich das gleich im Detail direkt beim Tierarzt.". So fühlt sich der Tierhalter wichtig genommen und nimmt Sie als Tiermedizinische Fachangestellte trotzdem ernst. Ein Einfaches „Das weiß ich nicht." ist keine Option – so wirken Sie unwissender als Sie sind.
- Lassen Sie sich durch die Fragen des Tierhalters nicht aus der Ruhe bringen. Falls Sie sich im Ablauf nicht konzentrieren können, sagen Sie ruhig etwas wie „Herr Meyer, ich muss mich jetzt auf Rex konzentrieren, wir können das aber gerne gleich ganz in Ruhe besprechen." oder „Bitte entschuldigen Sie Herr Meyer, ich brauche kurz einen Moment um mich zu konzentrieren, wir besprechen das gleich alles in Ruhe direkt mit dem Tierarzt, in Ordnung?".

4.5.4 Fall 4: Wütender Tierhalter

Herr Zimmer hat einen 6-jährigen Kater namens Felix, der aufgrund einer schweren Krankheit eingeschläfert werden muss. Der Kater wurde bereits seit Wochen in der Praxis behandelt und war aufgrund seiner Schmerzen nie sehr kooperativ. Die Euthanasie ist abends nach der Sprechstunde geplant, Herr Zimmer kommt aber etwas zu früh und Sie rechnen gerade den letzten Kunden an der Anmeldung ab als Herr Zimmer die Praxis betritt.

Was sollte die TFA zusätzlich zur normalen Vorbereitung einer Euthanasie für diesen Termin bedenken?

Sorgen Sie dafür, dass der Tierhalter mit möglichst wenigen anderen Menschen in Berührung kommt. Falls der Tierhalter als cholerisch bekannt ist, kann man sich sicherlich auf ein Gefühl der Wut einstellen. Aber auch bei sonst sehr friedlichen, zuvorkommenden Menschen kann Wut ein Ausdruck von Trauer sein.

Wut kann in so einer Situation durch kleinste Dinge ausgelöst werden, daher sollte der Tierhalter auf keinen Fall im Wartezimmer Platz nehmen müssen. Es ist außerdem hilfreich, wenn nur eine Tiermedizinische Fachangestellte und ein Tierarzt während der Euthanasie anwesend sind.

Kernpunkte in der Kommunikation mit wütenden Tierhaltern während der Euthanasie

- Vergessen Sie nicht, dass Wut eine Form von Trauer ist. Wut gilt als Brücke zur Trauer und sollte ausgelebt werden dürfen. Sie ist in so einer Situation nicht zu verwechseln mit der klassischen Wut, sondern eher mit Hilflosigkeit. Der Tierhalter fragt sich, wieso ausgerechnet sein Tier an dieser schweren Krankheit leiden muss und wieso er die Entscheidung für oder gegen eine Euthanasie ganz alleine treffen muss. Es ist notwendig diese Wut auszudrücken, um an die wahren Gefühle der Trauer heranzukommen und den Schmerz zuzulassen. Erst wenn der Tierhalter die Wut gefühlt hat, kann er Trauer empfinden (Wende 2014).
- Reagieren Sie selbst nicht emotional und versuchen Sie, den Tierhalter nicht zu unterbrechen. Auch wenn der Wutausbruch völlig ungerechtfertigt sein mag, dürfen Sie sich davon nicht beeindrucken lassen. Lassen Sie sich nicht provozieren, atmen Sie tief durch und entgegen Sie im ersten Schritt erst einmal nichts. Meistens muss der Tierhalter erst einmal seiner Wut freien Lauf lassen, bevor er sich auf diese tief traurige Situation einlassen

kann. Seien Sie dann genauso für Ihn da, wie für jeden anderen Tierhalter.

- Versuchen Sie nicht, den Tierhalter zu besänftigen. Sätze wie „Nun beruhigen Sie sich doch erst einmal." bewirken meist das komplette Gegenteil. Vernünftige Argumente kommen beim Tierhalter gerade nicht an, daher ist es ratsam, Angriffe zu überhören und die Situation auf sich beruhen zu lassen. Ein Streit mit einem Tierhalter kurz vor der Euthanasie seines geliebten Tieres wäre die schlechteste Ausgangssituation.
- Sollten Sie das Gefühl haben, dass Sie mit der Situation alleine nicht mehr zurechtkommen, ziehen Sie unbedingt ihren Tierarzt zu Rate.

4.5.5 Fall 5: Emotionsloser Tierhalter

Frau Wulf, die sich aufgrund von begrenzten finanziellen Mitteln keine hohen Tierarztkosten leisten kann, hat einen 11-jährigen, übergewichtigen Kater mit Diabetes. Da er sich von ihr nicht spritzen lässt, werden seine Werte immer schlechter. Nach langem Hin und Her haben sich Tierarzt und Tierhalter nun darauf geeinigt, den Kater von seiner Krankheit zu erlösen.

Was sollte die TFA zusätzlich zur normalen Vorbereitung einer Euthanasie für diesen Termin bedenken?

Halten Sie diese Tierhalterin von anderen Wartenden fern. Da es uns nicht normal vorkommt, einer Euthanasie ohne Gefühle entgegen zu treten, wirkt das Verhalten dieser Tierhalterin verstörend. Sie sollte daher nicht zu viel Zeit an der Anmeldung oder dem Wartezimmer verbringen. Führen Sie sie am besten sofort in den Behandlungsraum und besprechen Sie dort alles Weitere mit ihr.

Die Entscheidung das Tier einzuschläfern, wird ebenfalls nicht nur auf Zustimmung treffen. Umso wichtiger ist es, dass auch darüber nicht laut an der Anmeldung gesprochen wird. Auch untereinander im Team sollte über diesen Fall erst nach Ende der Sprechstunde gesprochen werden.

Die Entscheidung des Tierarztes wird nicht vor der Tierhalterin angezweifelt. Wenn Sie der Meinung sind, dass es falsch ist dieses Tier einzuschläfern, nehmen Sie den Tierarzt zur Seite und klären Sie es in einem Gespräch unter vier Augen. Weder andere Tierhalter noch Kollegen sollten im ersten Gespräch anwesend sein. Möchten Sie diese Entscheidung erst nach der Euthanasie diskutieren, eignet sich die monatliche Teamsitzung dafür. Argumentieren Sie lösungsorientiert und präsentieren Sie direkt eine Alternative: Verschiedene Tierheime und Tierschutzorganisationen bieten **Übernahmeverträge** für Tiere an. Diese Verträge entbinden den Tierhalter von sämtlichen Rechten und Pflichten und überschreiben das Tier an die Praxis. Wenn der Tierhalter diesen Vertrag freiwillig unterschreibt, kann das Tier so an jemanden vermittelt werden, der in der Lage ist, die Kosten und die Verantwortung für die Behandlung des Tieres zu übernehmen.

Kernpunkte in der Kommunikation mit emotionslosen Tierhaltern während der Euthanasie

- Laut Studien leidet jeder Siebte an Gefühlskälte, überdurchschnittlich oft sind es Männer (Berthoz 2005). Wenn diese Menschen nun vor einer emotional belastenden Situation stehen, weichen sie dieser gerne aus. Sie suchen sich anderweitige Beschäftigungen, wechseln das Thema oder wirken fast ein bisschen ratlos. Die Euthanasie des eigenen Tieres belastet so einen Tierhalter trotzdem, auch wenn er es nicht zeigen kann. Eventuell wird der emotionslose Tierhalter auch schnell zum wütenden Fall, da er mit den aufgetauten Emotionen nicht umzugehen weiß. Für den Praxisalltag ist es wichtig, sich von dieser Gefühlskälte nicht anstecken zu lassen und diesen Tierhalter mit dem gleichen Respekt zu behandeln, wie jeden anderen auch.

- Denken Sie nicht für Ihren Tierhalter: Bieten Sie dem Tierhalter trotzdem an, einen Moment mit dem Tier alleine zu sein und verheimlichen Sie keine Möglichkeiten der Bestattung. Auch ein emotionsloser Tierhalter kann sich eine aufwendige Bestattung wünschen.
- Das Tier steht im Vordergrund: Wenn der Tierhalter nicht bei der Euthanasie dabei sein will oder sein Tier währenddessen nicht berührt, übernehmen Sie diesen Part für ihn. Die Würde des Tieres steht im Mittelpunkt und der Ablauf soll trotzdem friedlich und behutsam sein.
- Lassen Sie sich nicht auf lapidare Aussagen herab: Wenn der Tierhalter oft das Thema wechselt oder gar abfällig über das Tier spricht, reagieren Sie nicht darauf. Denken Sie daran, dass andere Tierhalter Sie möglicherweise hören und dies der Außenwirkung der Praxis schaden könnte. Aber vor allem wissen Sie nicht, was gerade in dem Tierhalter vorgeht. Stimmen Sie einer negativen Aussage zu, kann Ihnen das im Nachhinein vorgehalten werden.

4.6 Trauerbewältigung

Trauerbewältigung bedeutet, dass der Tierhalter sein verstorbenes Tier weiterhin in sein Leben integriert, dass er Erinnerungen behält, über sein Tier spricht und es schafft, in seinem Leben weiterhin einen festen Platz für das Tier zu finden. Die Gemeinschaft mit dem verstorbenen Tier ist elementar in der Trauer – daran sollte man denken. Und Sie setzen in der Praxis mit einer guten Vorarbeit den wichtigen ersten Stein für eine erfolgreiche Trauerbewältigung. In der Kommunikation gilt dabei der Leitsatz: Bewerten Sie die Trauer um ein Tier nicht, lenken Sie von der Situation nicht ab und bemitleiden Sie den Tierhalter nicht zu stark. Praxiserfahrungen zeigen, dass die Trauerbewältigung selbst allein durch den Trauernden herbeigeführt werden kann. Die Tiermedizinische Fachangestellte hilft nur bei der Suche nach einer Lösung. Folgendermaßen könnte ein kurzes und empathisches Telefonat mit Trauernden im Idealfall ablaufen:

Tierhalter: „Er ist heute Nacht verstorben."
TFA: „Sie meinen Bobby?"
Tierhalter: „Ja."
TFA: „Das macht Sie wohl sehr traurig."
Tierhalter: „Ja." (Meist unter Tränen.)
TFA: „Wissen Sie Frau Müller, wir möchten gerne für Sie da sein. Wenn ich also irgendetwas für Sie tun kann, dann lassen Sie es mich wissen."
Tierhalter: „Ja, danke. Ich danke Ihnen sehr." (Tierhalter trägt dann i.d.R. den eigentlichen Grund des Anrufs vor.)

4.7 Umgang mit trauernden Kindern

4.7.1 Wie Kinder trauern

Haustiere werden von Kindern oft als ihresgleichen betrachtet. Sie vertrauen dem Tier ihre Geheimnisse an, machen sowohl Geräusche als auch Bewegungen des Tieres nach und sehen das Tier als ihren größten Vertrauten. Die Gegenwart des eigenen Haustieres dient als eine Art Erziehungshilfe: Es lehrt dem Kind Respekt, Achtung und Fürsorge. Stirbt dieses Tier, ist das für ein Kind oft die schlimmste Erfahrung in jungen Jahren.

Sowohl beim Erkennen und Erleben der Trauer, als auch bei den damit einhergehenden Aufgaben der Trauerverarbeitung unterscheiden sich Kinder und Jugendliche deutlich von einem Erwachsenen. Allerdings durchlaufen auch Kinder ihre Trauer in mehreren Phasen. Diese Phasen folgen jedoch keinem festen Schema, sondern überlappen sich häufig. Die Trauer bei Kindern ist mit unseren vier Jahreszeiten vergleichbar: Wir unterscheiden zwischen Sommer und Herbst und trotzdem gibt es auch im Sommer kühlere, regnerische Tage. Ein Kind kann also in einem Moment hemmungslos weinen und im nächsten unbeschwert spielen. Ihre Trauer erleben Kinder eher tropfenweise, nicht so kontinuierlich und geradlinig wie ein Erwachsener. Begegnen wir trauernden Kindern, ist es gut, sich darauf einzustellen und unser Verhalten an den Kindern zu orientieren, uns von ihnen an die Hand nehmen zu lassen. Man muss ein Kind nicht dazu zwingen, zu weinen oder traurig zu sein. Das Kind kann selbst entscheiden, wann es sich mit dem Tod auseinandersetzen möchte. Jedes Kind hat eine innere Natürlichkeit, eine Unbeschwertheit, die es ihm gestattet, sich mit einer kindlichen Leichtigkeit den Fragen und Geheimnissen des Lebens zu stellen. Dazu gehört auch der Tod. Er wird erst real, wenn das Kind zum ersten Mal bewusst damit in Berührung kommt. Stirbt beispielsweise das Zwergkaninchen, dann erlebt das Kind wie der liebgewonnene Spielkamerad bewegungslos in seinem Käfig liegt und nicht mehr atmet. Erst jetzt verknüpft das Kind mit dem Tod auch eine Endgültigkeit.

In diesem Kapitel geben wir Ihnen Hilfestellungen im Umgang mit trauernden Kindern während einer Euthanasie. Bitte beachten Sie aber, dass der letzte Entscheidungsträger immer ein Erziehungsberechtigter sein sollte. Oft kommt es in der Praxis vor, dass Sie von den Eltern direkt gefragt werden, was Ihrer Meinung nach das Beste sei. Durch eine kurze, fachlich fundierte Antwort steigern Sie Ihre Kompetenz und geben den Eltern eine gute Lösung an die Hand. Entscheiden diese sich trotzdem gegen Ihre Ratschläge, versuchen Sie nicht, die Erziehungsberechtigten umzustimmen.

4.7.2 Trauer in unterschiedlichen Altersgruppen

Im Alter von **3–6 Jahren** ist Kindern das Wort „tot" bereits ein Begriff. Allerdings hat es noch keine endgültige Bedeutung. Kinder verbinden mit dem Wort eher ein Fortgehen oder eine Form von Schlaf, ein Leben auf Sparflamme, irgendwo an einem fernen Ort. Sie erwarten also gegebenenfalls eine Rückkehr des verstorbenen Tieres (Hirschberg 2010).

Einfache Sätze wie „Paul ist nicht mehr da." oder „Bobby kommt nicht zurück." zu wiederholen, kann helfen, ein besseres Verständnis der Endgültigkeit zu erreichen. Oft fangen Kinder dann an, Fragen zu stellen (▶Abb. 4-3).

Hinter diesen Fragen kann zum einen die Neugier nach der biologischen Antwort stehen, also ein echtes Interesse, ob das Tier krank war, zum anderen aber auch die Frage nach dem „Warum" als Ausdruck per-

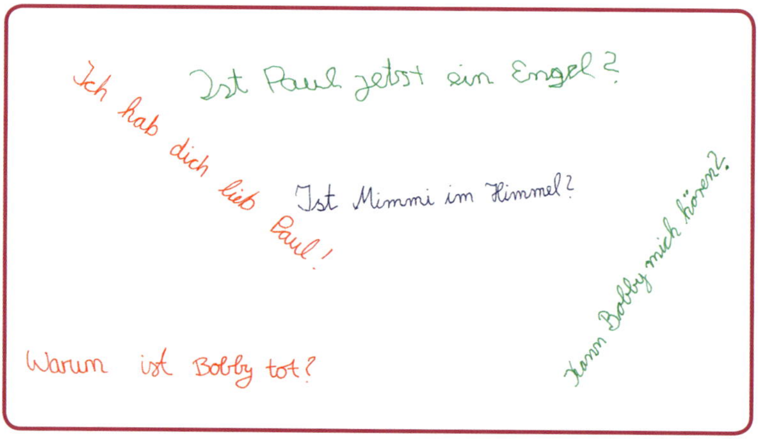

Abb. 4-3 Kinderfragen zum Tod eines Haustieres

sönlicher Betroffenheit. Antworten Sie ehrlich, aber gehen Sie dabei auf die Gefühlslage des Kindes ein. Wenn das Kind sich vorstellen möchte, dass Bobby im Himmel ist, antworten Sie nicht mit Ihrer eigenen, eventuell gegensätzlichen Meinung dazu. Geben Sie den Himmel als letzte Ruhestätte aber auch nicht vor. Das Kind gibt Ihnen in diesem Moment eine Vorgabe, welche Sie annehmen und ausschmücken können. Dabei ist es wichtig, nicht ungeduldig zu werden. Sollten sich Fragen wiederholen, dient das dem Kind nur zur Vergewisserung, dass das Tier wirklich endgültig fort ist. Antworten Sie also ruhig immer mit demselben Satz.

Grundschulkinder im Alter von **6–9 Jahren** verstehen die Bedeutung hinter dem Wort „tot" besser und haben ein eher sachlich-nüchternes Interesse daran. Daher können Sie es durchaus erleben, dass ein Kind bei der Euthanasie seines geliebten Tieres bereits um einen neuen vierbeinigen Kammeraden bittet. In diesem Alter sollte das Kind ganz bewusst in die Planung und Durchführung einer Bestattung oder Trauerfeier mit einbezogen werden. Es empfiehlt sich hier besonders, dass das Kind während der Euthanasie mit im Behandlungsraum ist.

Ab dem **10. Lebensjahr**, liegt das Interesse oft bei dem biologischen Aspekt des Sterbens. Es wird hinterfragt, was genau gerade mit dem Körper passiert. Für uns Erwachsene sind das oft Tabu brechende Fragen, die uns besonders in Verlegenheit bringen. Seien Sie in dieser Situation ehrlich zu dem Kind, aber bleiben Sie in Ihren Aussagen sachlich. Ein Beispiel: Wenn das Kind Sie direkt fragt, ob Paul jetzt in einen Leichensack kommt, so wie Opa, antworten Sie, indem Sie das Kind miteinbeziehen: „Nicht ganz, wir können für Paul gerne zusammen eine kleine Pappkiste fertigmachen und seinen Namen darauf schreiben. Das würde ihm bestimmt gefallen, oder?"

4.7.3 Kommunikation mit einem trauernden Kind

Die Körpersprache spielt bei der Kommunikation eine tragende Rolle. Seien Sie auf Augenhöhe mit dem Kind und schauen Sie es direkt an, wenn Sie ihm antworten. Auch eine leichte Berührung am Arm kann in so einer Situation hilfreich sein. Je nach Stand der kognitiven und emotionalen Entwicklung hat das Kind erstens oft keine Worte, um zu benennen, was in ihm passiert. Zweitens hat es keine Erfahrungen, um zu beurteilen, wie es reagieren darf und was hilfreiche Reaktionen wären. Drittens verfügt es noch nicht über ausreichende eigene Regulationsmöglichkeiten. Sie helfen dem Kind also am besten, wenn Sie es zum Fragen ermutigen: „Möchtest du wissen, was jetzt mit deinem Meerschweinchen Paul passiert?" ist eine angemessene Frage, wenn das Kind bei der Euthanasie dabei sein möchte. Es sollte darauf vorbereitet werden, dass sein geliebtes Tier gleich eine Spritze bekommt und behutsam aufgeklärt werden. Vermeiden Sie dabei Fachausdrücke, werden Sie in Ihrer Sprache aber auch nicht zu blumig. Es bietet sich an, den Tod und das verstorbene Tier immer beim Namen zu nennen und die Realität für Kinder so treffend wie möglich zu formulieren. Werden Kinder nicht informiert, nehmen sie atmosphärisch wahr, dass etwas nicht stimmt aber können es sich nicht erklären. Das führt automatisch zu Verunsicherung.

Verwendet man Umschreibungen wie „Paul ist eingeschlafen." oder „Bobby war sehr müde." nehmen Kinder diese Sätze oft wörtlich und können gegebenenfalls sogar eine Angst davor entwickeln selbst einzuschlafen. Hilfreicher ist es, wenn man Dinge benennt, die das verstorbene Tier jetzt nicht mehr machen kann. Nachfolgend zwei Beispiele:

Hund Bobby: „Bobby ist nun fort und kann nicht mehr mit dir im Garten spielen. Er war so krank, dass er sterben musste. Aber er hat jetzt keine Schmerzen mehr. Du hast ihn sicher sehr geliebt oder? Ich bin mir sicher, dass er dich auch geliebt hat. Möchtest du Bobby noch eine Erinnerung an dich mitgeben? Vielleicht ein Bild für ihn malen oder ihn einfach noch einmal ganz feste drücken?“

Meerschweinchen Paul: „Paul bekommt jetzt eine kleine Spritze, hier in die Seite. Streichle ihn gerne noch einmal dort an der Stelle, er wird den kleinen Piecks kaum spüren. Paul ist doch ein tapferer, kleiner Kerl. Nach der Spritze wird Paul sehr müde und all seine Muskeln entspannen sich, er hat dann keine Schmerzen mehr und kann friedlich von uns gehen. Wenn du möchtest, kannst du Paul solange am Kopf streicheln.“

Zusammenfassend lässt sich sagen, dass eine offene Kommunikation über den Tod, die dem kognitiven und emotionalen Entwicklungsstand des Kindes entsprechen sollte und die das eventuell nur partiell entwickelte Todeskonzept berücksichtigt, das beste Hilfsmittel bei der Trauerbewältigung ist. Es trägt dazu bei, dass ein Kind ein realistisches Verständnis von dem Verlustereignis entwickelt und Gefühle wie Unsicherheit, Hilflosigkeit, Schuld und Scham verringert werden. Für die Edukation zu dieser Thematik hat sich der Einsatz von Bilderbüchern bewährt, vornehmlich bei der Arbeit mit Vorschul- und Grundschulkindern (Jürgens 2008). Eine gute Wahl ist beispielsweise das Buch „Bikos letzter Tag“ von Saskia Hula (2017). Ruhig und behutsam nähert sich das Buch dem Thema und führt Kinder mit ausdrucksstarken Bildern an das Älterwerden und den Tod des geliebten Tieres heran. Speziell die Bedeutsamkeit einer Euthanasie wird hier in einfacher Sprache erklärt. Oft hilft solch eine Kurzgeschichte einem Kind viel mehr als tausend erklärende Worte.

4.7.4 Rituale helfen – nicht nur Kindern

Menschen haben zu allen Zeiten in ritualisierter Form Abschied von ihren verstorbenen Angehörigen genommen und auch andere Übergangssituationen mit Hilfe von Ritualen gestaltet. In unserer Gesellschaft hat die Beerdigung bzw. Trauerfeier eine Schlüsselfunktion als Übergangs- bzw. Abschiedsritual von der verstorbenen Person (van Gennep 2005). Diesen Brauch kann man problemlos auch beim Tod eines Haustieres übernehmen.

Rituale sind eine Art Leitfaden, sie helfen etwas zu tun, was mit dem Verstorbenen in Verbindung steht und füllen die Lücken, die das Leben ohne ihn verursachen würden. Eine Tierhalterin erzählte mir auf einer Messe, dass Sie große Angst vor dem Tag hatte, an dem die Asche Ihres Hundes per Post zu Ihr zurückgesendet wurde. Als der Postbote ihr das Paket dann brachte öffnete Sie es mit einem dicken Kloß im Hals. Beim Herausholen der Urne klimperte etwas Metallisches und es hörte sich ganz genauso an wie früher: Das Halsband mit der großen Edel-

Abb. 4-4 Die Übergabe der Urne hat für Kinder und Erwachsene oft etwas Tröstendes

stahlplakette auf der „Niko von Burgmannshausen“ stand, hat dieses Geräusch in der Urne verursacht. Die Tierhalterin hatte gewollt, dass das Halsband mit in die Urne gebettet wird. Dieses vertraute Geräusch gab ihr ein Gefühl der Leichtigkeit. Bis heute, so sagte Sie, hebt sie die Urne mindestens einmal am Tag hoch, um dieses Geräusch zu hören.

Diese Tierhalterin hat für Ihren Hund auch eine Gedenkseite im Internet eingerichtet und berichtet dort ebenfalls von ihrem ganz persönlichen Ritual. Viele Tierhalter haben ihr Trost gespendet und ihrem Hund die letzte Ehre erwiesen. Dieses Gefühl der Gemeinschaft hat ihr so geholfen, dass sie nach fast zwei Jahren wieder bereit war für einen neuen Hund. Diesen 15 Wochen alten Wirbelwind hatte sie mit der auf Messe und auch er hatte schon eine Plakette am Halsband, die mit jedem Schwanzwedeln ein metallisches Klirren ertönen ließ.

Wie beim Erwachsenen ist auch für Kinder das Abschiednehmen vom geliebten Tier wichtig für den Trauerprozess. Altersentsprechende kreative oder physische Angebote, die Beteiligung an Ritualen oder auch die gemeinsame Entwicklung von Ritualen helfen, den Schmerz auszudrücken und zu durchleben. Ein Abschiedsritual ist dabei vor allem ein symbolisches Loslassen, welches die Endgültigkeit des Todes verdeutlicht.

Das Gedenkbuch oder die Gedenkkiste

Gedenkrituale helfen, sich an die positiven Momente der gemeinsamen Zeit zu erinnern und diese schönen Erinnerungen für immer einzufangen. In einem Gedenkbuch können selbst gemalte Bilder, Fotos, Briefe und Gedichte aufgeklebt werden (▶Abb. 4-5). Beispielsweise können Eltern gemeinsam mit ihrem Kind aufschreiben, was sie an ihrem Tier so geliebt haben oder womit es sie immer wieder zum Lachen gebracht hat. Ein Gedenkbuch lässt sich ganz individuell gestalten und man kann auch eine Locke vom Fell, Federn oder die Hundemarke dort einkleben.

Alternativ können solche Erinnerungen auch in einer Gedenkkiste gesammelt werden. Das Ritual könnte dann beispielsweise so aussehen, dass die Familie einmal jährlich, z. B. zum Geburtstag oder Todestag

Abb. 4-5 Beispielseite aus dem Rosengarten-Sterne-Gedenkbuch

Abb. 4-6 Ein Trauertagebuch kann helfen, die eigenen Gefühle zu beschreiben

des verstorbenen Tieres, eine Kerze anzündet, das Album anschaut oder einen Brief schreibt und diesen dem Album hinzufügt. So lernt das Kind spielerisch die Bedeutung des Todes und versteht, dass man in Erinnerungen weiterleben kann. Eine weitere Alternative ist das Führen eines Trauertagebuchs (▶ Abb. 4-6). Das Kind kann für jeden Tag in einfachen Symbolen oder Sätzen ausdrücken, wie es sich heute fühlt und wie schmerzhaft der Verlust noch ist. Gerade bei Kindern, die nicht gerne über Gefühle sprechen, ist dieses Tagebuch auch hilfreich für die Eltern, um die Gefühlslage ihres Kindes einzuschätzen.

Der Luftballon zum Himmel

Falls das Kind für sich entschieden hat, dass das verstorbene Tier im Himmel ist, dann gibt dies eine klare Vorstellung vor. Oft malt das Kind Bilder von seinem treuen Freund auf einer Wolke oder fliegend mit den Vögeln. Um dem Kind den Abschied leichter zu machen, bietet sich ein Abschiedsritual mit einem Ballon an: Das gemalte Bild wird an den Ballon gehängt und in den Himmel fliegen gelassen. Wenn der Ballon mit der Nachricht an das verstorbene Tier außer Sichtweite ist, ist er im Himmel. Der Ballon wird also symbolisch zu einem Übergangsobjekt und der Himmel als Reich der Toten real. Das Kind weiß nun um einen Ort, zu dem die Toten hinaufsteigen, es fühlt sich über sein Bild damit verbunden. Der Ballon kann zu einem jährlichen Ritual werden, welches das Kind auch im Erwachsenenalter nicht vergessen wird.

Das Bild des Schmetterlings

Wie erklärt man einem Kind, was der Tod bedeutet? Was passiert mit dem verstorbenen Körper des Tieres? Bilder und Symbole sind oft gute Hilfsmittel, um diese Fragen kindgerecht zu beantworten. In der Psychologie hat sich herausgestellt, dass Kinder, die den Entwicklungsprozess eines Schmetterlings verstanden haben, den Tod am ehesten damit vergleichen können (▶ Abb. 4-7). Das Tier ist nicht einfach weg, sondern hat eine andere Form angenommen.

Abb. 4-7 Von der Raupe zum Schmetterling als Metapher für das Sterben

Gerade im Hinblick auf eine Kremierung des geliebten Tieres hilft die Metapher des Schmetterlings zu erklären, wieso von Bobby nun nur noch Asche übrig ist. Um dieses Ritual abzurunden, kann die Urne beispielsweise selbst vom Kind gestaltet werden oder man bastelt gemeinsam Schmetterlinge aus Papier, die an einem Zweig auf dem Grab des Tieres befestigt werden.

4.8 Hilfestellung zur Trauerbewältigung

Das Haustier ist tot – was kann ein trauernder Mensch nun tun, um die Situation zu verarbeiten? Da Tiermedizinische Fachangestellte in der Regel kein Studium der Psychologie durchlaufen haben, müssen sie sich auf eigene Erfahrungen verlassen, um trauernde Tierhalter gut beraten zu können. Stimmt fast – auch die Erfahrungen anderer Menschen aus dem direkten oder weiteren Umfeld bieten Hilfestellungen beim Umgang mit Trauer und Trauerarbeit. Diese können eigene Erfahrungen ergänzen. Eines muss allen Mitarbeiterinnen und Mitarbeitern einer tierärztlichen Praxis oder Klinik klar sein: Man selbst kann die Probleme eines emotional belasteten Menschen nicht lösen. Man kann Tipps geben, ein offenes Ohr haben und Beratungsstellen empfehlen. Sich voll und ganz auf die Trauer einer anderen Person einzulassen, kann einen selbst in emotionale Schwierigkeiten bringen. Bei den trauernden Menschen, die Ihnen im Rahmen Ihrer Arbeit begegnen, handelt es sich in erster Linie um Ihre Kunden. Dies ist ein großer Unterschied zu engen Verwandten oder guten Freunden. Halten Sie auch im eigenen Sinne einen gesunden Abstand zu den emotionalen Bedürfnissen Ihrer Kunden ein (► Kap. 5).

Der Apell lautet: Helfen Sie gerne, aber kennen Sie Ihre Grenzen. Damit das besser gelingt, stellen wir auf den nachfolgenden Seiten Hinweise, Tipps und Aktivitäten vor, die Sie auch Ihren Tierhaltern vorstellen, vorschlagen oder an die Hand geben können.

Es gibt einige Verhaltensweisen, die sich im Fortgang der Trauer wieder normalisieren und auf längere Sicht dauerhaft verschwinden. Sollten sie es nicht tun, ist eventuell eine externe Hilfe durch psychologische Fachleute nötig.

In diesem Abschnitt des Buches stellen wir Hilfsangebote vor, die dem trauernden Tierhalter direkt helfen oder die Sie als beratende Person unterstützen sollen.

4.8.1 Tipps zur Selbsthilfe

Trauernde sollten Ihre Gefühle zulassen und nicht darüber nachdenken, dass andere Personen dies vielleicht merkwürdig finden oder gar für falsch halten. Die Trauer um ein Tier ist normal! Trauer sollte jedoch mit der Zeit schwächer werden. Wenn sie nicht nachlässt, sondern gleich stark bleibt oder sich noch verstärkt, ist es ratsam, die Ursachen abzuklären und sich gegebenenfalls Hilfe zu holen.

Jeder Mensch muss sich immer wieder einmal selbst hinterfragen. Im Job, in den Beziehungen zu anderen Menschen und auch im Gefühl zu sich selbst. Speziell in Ausnahmesituationen ist dies sehr sinnvoll und kann verhindern, dass sich Fehlanpassungen im Verhalten bilden. Wie das Wort „hinterfragen" schon ausdrückt, muss man sich selbst Fragen stellen und diese dann wahrheitsgetreu beantworten. Sich selbst anzulügen bringt einen nicht weiter. Wenn man selbst dazu noch in einer Krisensituation steckt, ist es umso wichtiger, ehrlich zu sich zu sein.

Die nachfolgenden Fragen können beispielsweise in ein Informationsblatt zur Euthanasie integriert werden, welches Sie in Ihrer Praxis an Tierhalter weitergeben. Alternativ können Sie diese Information auch nur an die Tierhalter geben, bei denen Sie Schwierigkeiten vermuten, oder bei denen mögliche Probleme von den Trauernden selbst angesprochen oder an Sie herangetragen wurden. Zusätzlich macht es Sinn, dass Sie auf der Webseite Ihrer Praxis einen Servicebereich zum Thema „Abschied nehmen" einrichten. Hier ist es auch weniger schwierig, diese teils sehr direkten Fragen unterzubringen.

Fragen zur Selbsterkenntnis:

- Hat mich der Tod meines Tieres in meinem üblichen Leben und in meinen normalen Verrichtungen verändert?

Fragen zum seelischen Empfinden:

- Lassen Sie Rituale weiterlaufen, die Sie als Tierhalter für sich und das Tier entwickelt haben?
- Haben Sie unkontrollierte Gefühlsausbrüche (sind Sie schnell wütend, schnell in Tränen aufgelöst etc.)?
- Sind Sie des Öfteren verzweifelt, mut- oder antriebslos?
- Haben Sie den Tod Ihres Tieres bereits realisiert, oder verdrängen und verleugnen Sie ihn?
- Denken Sie manchmal, dass Ihr Tier noch körperlich anwesend ist?
- Bekommen Sie Ihren Beruf, Ihren Alltag und Ihre Beziehungen auf die Reihe?
- Achten Sie weiterhin auf Ihre Körperhygiene?
- Hat sich Ihr Alkoholkonsum verändert, oder greifen Sie zu Medikamenten oder Drogen?
- Weichen Sie Gedanken an Ihr Tier aus oder lassen Sie keine anderen Gedanken mehr zu?
- Machen Sie sich Vorwürfe, die aus dem Versterben Ihres Tieres heraus resultieren?

Fragen zum körperlichen Empfinden:

- Können Sie wie gewohnt schlafen oder wachen Sie mit Gedanken an das verstorbene Tier auf?
- Merken Sie Anzeichen von nachlassender Kraft oder Gedankenstärke aufgrund von Schlafmangel?
- Setzen sich leichte Infekte länger als üblich bei Ihnen fest?
- Hat sich Ihre Nahrungsaufnahme verändert?
- Zeigen sich Schmerzen, für die es keine passende Erklärung gibt?
- Haben sich vorher bereits bestehende Probleme oder Krankheiten verschlechtert?

Natürlich sind Sie eingeladen und angehalten, diese Liste mit eigenen Erfahrungen und Beobachtungen zu erweitern bzw. zu ergänzen.

Auf den ersten Blick sind diese Fragen sehr persönlich und gehen einen Außenstehenden nichts an. Deshalb sind sie eine Hilfestellung für die Trauernden selbst. Sie sollten diese Fragen nur persönlich an jemanden richten, wenn Sie zu dieser Person ein besonders großes Vertrauensverhältnis haben. Ob medizinische Hilfe in Form des Hausarztes oder eines Psychologen angeraten ist, sollten die Betroffenen selbst oder ihr direktes Umfeld entscheiden. Sie können hier aber mit passenden Hinweisen im Gespräch oder aber mit gezielten Informationen auf Ihren üblichen Kanälen (Webseite der Praxis, Facebook, Informationen in gedruckter Form etc.) zu einer guten Lösung beitragen. Mehr können Sie nicht tun und mehr sollten Sie nicht von sich erwarten.

Glücklicherweise finden die meisten Tierhalter selbstständig oder mit Hilfe ihres Umfeldes zu einer gesunden Trauerarbeit. Auch diesen Menschen helfen die hier vorgestellten Hilfsangebote und Unterstützungsmöglichkeiten.

4.8.2 Tipps zur Unterstützung durch das Praxisteam

Den Tierhalter umfassend informieren und in seiner Entscheidung bestätigen

Auch wenn Tierhalter selbst die Entscheidung getroffen haben, dass eine Euthanasie wichtig und richtig ist, können Schuldgefühle entstehen. Als tierärztliches Team kann man im Vorfeld und im Nachhinein einer solchen Entwicklung entgegenwirken. Im Vorfeld müssen den Tierbesitzern die Diagnose und die damit verbundenen Gründe für eine Euthanasie verständlich erläutert werden. Das klingt im ersten Moment einfach und logisch, es ist aber doch immer wieder Grund für Probleme. Auf der einen Seite verliert man sich oft in Fachbegriffen und versucht, auch im Eigennutz, die Situation so kurz wie möglich zu halten. Auf der anderen Seite befinden sich die Tierhalter in einer Ausnahmesituation. Diese kann dazu führen, dass den tierärztlichen Erläuterungen nicht richtig oder gar nicht gefolgt wird. Den Tierbesitzern geht eine Vielzahl von Dingen durch den Kopf, wodurch selbst von einer perfekten Erklärung einiges gar nicht oder falsch aufgenommen wird. Es bietet sich an, das Verständnis der Erklärungen durch Bestätigungsfragen zu überprüfen. Lassen Sie sich von den Tierhaltern immer wieder sagen, ob sie einzelne Erklärungen verstanden haben und ob sie aufnahmefähig genug sind, um mit dem Gespräch fortzufahren. Körpersprachliche Signale helfen dabei, die Tierbesitzer richtig einzuschätzen (▶ Kap 4.4).

Hat ein Tierhalter für sich klargestellt, dass kein vernünftiger Weg an einer Euthanasie vorbeigeführt hat, können Sie ihm mit den folgenden Fragen in dieser psychologisch bedeutsamen Situation Klarheit und Vertrauen in die eigene Entscheidung schenken:

- War das Leben für Ihr Tier noch lebenswert?
- War Ihr Tier weiterhin lebensfroh und aktiv, oder konnte es körperlich oder geistig nicht mehr?
- War die Krankheit oder die erlittene Verletzung noch heilbar?
- Waren die Schmerzen so stark, dass sich das Tier nur noch gequält hat?

- Hat Ihr Tier noch ausreichend Nahrung und Flüssigkeit aufgenommen?

Diese Fragen können Sie als Team persönlich vermitteln oder als Teil einer Kundeninformation (Flyer oder Auflistung auf der Praxis-Webseite) herausgeben. Nicht alle Fragen müssen dabei zueinander passen. Wichtig ist nur, dass die Tierhalter eine möglichst klare Bestätigung ihrer Entscheidung zur Veranlassung einer Euthanasie bekommen bzw. für sich selbst empfinden.

Unterstützung durch spezielle Trauerangebote

Als Praxis können Sie trauernden Tierhaltern das **Gedicht** „Die Regenbogenbrücke" mitgeben, welches beispielsweise als Flyer im Praxisdesign angefertigt werden kann. So haben Sie eine individuelle und persönliche Form, den Trauernden Trost und Mitgefühl auszusprechen.

DIE REGENBOGENBRÜCKE

Es gibt eine Brücke, die den Himmel und die Erde verbindet.
Wegen der vielen Farben nennt man sie die Brücke des Regenbogens.
Auf dieser Seite der Brücke liegt ein Land mit Wiesen, Hügeln und saftigem grünen Gras.
Wenn ein geliebtes Tier auf der Erde für immer eingeschlafen ist, geht es zu diesem wunderschönen Ort.
Dort gibt es immer zu fressen und zu trinken, und es ist warmes schönes Frühlingswetter.
Die alten und kranken Tiere sind wieder jung und gesund. Sie spielen den ganzen Tag zusammen.
Es gibt nur eine Sache, die sie vermissen:
Sie sind nicht mit ihren Menschen zusammen, die sie auf der Erde so geliebt haben.
So rennen und spielen sie jeden Tag zusammen, bis eines Tages

plötzlich eines von ihnen innehält und aufsieht!
Die Nase bebt, die Ohren stellen sich auf, und die Augen werden ganz groß!
Plötzlich rennt es aus der Gruppe heraus und fliegt über das grüne Gras.
Die Füße tragen es schneller und schneller.
Es hat Dich gesehen...!
Und wenn Du und Dein spezieller Freund sich treffen,
nimmst Du ihn in Deine Arme und hältst ihn fest.
Dein Gesicht wird geküsst, wieder und wieder,
und Du schaust endlich wieder in die Augen Deines geliebten Tieres,
das so lange aus Deinem Leben verschwunden war,
aber nie aus Deinem Herzen.
Dann überschreitet Ihr gemeinsam die Brücke des Regenbogens,
und Ihr werdet nie wieder getrennt sein...

Manche Menschen finden Trost darin, Bekannten, Freunden oder Familienangehörigen den Tod des Tieres bekanntzugeben. Immer häufiger werden dazu **Trauerkarten** verwendet, die man auch aus dem Humanbereich kennt. Diese Karten könnten Sie als Verkaufsartikel in Ihrer Praxis bereithalten. Ebenfalls hilfreich sind Trauerkarten für die Praxis, die beispielsweise zusammen mit der Rechnung oder kurze Zeit nach der Euthanasie an den Tierhalter verschickt werden und die Anteilnahme des Praxisteams ausdrücken.

Anderen hilft es, Ihre Trauer schriftlich festzuhalten. Das kann in Form eines **Trauertagebuchs** sein, in **Trauerportalen** oder in einem **Trauerbuch**, welches Sie in der Praxis oder Klinik auslegen können. Als Erweiterung bietet es sich an, gemeinsame Erlebnisse mit dem Tier, besondere Eigenschaften oder andere Alltagsmomente aufzuschreiben. Man kann dabei ein Notizbuch nutzen oder spezielle Trauerbücher erwerben. Diese Trauerbücher sind im Buch- und Onlinehandel, sowie beispielsweise auch bei der Rosengarten-Tierbestattung erhältlich.

Weitere Möglichkeiten des Ausdrucks von Trauer und Erinnerungen:

- Fotoalbum mit eingeklebten Fotos
- Digitaler Foto- und Filmordner
- Eine Box, in der Erinnerungsstücke des Tieres aufbewahrt werden
- Künstlerisch affine Menschen können das Tier oder eine Erinnerung mit dem Tier zeichnen oder malen

Für einige dieser Trauerbeschäftigungen können Sie Verkaufsartikel anbieten. Damit können Sie ein weiteres Mal aufzeigen, dass Sie die Trauer um ein verstorbenes Tier Ernst nehmen und vielfältige Hilfe anbieten. Die Ausstellung solcher Produkte sollte allerdings sehr dezent gestaltet sein, um weniger interessierte Tierhalter nicht mit dem Thema zu überfluten. Da Sie Ihre Tierhalter oft über Jahre kennengelernt haben, wissen Sie vielleicht schon, wer sich über diese Unterstützungsmöglichkeiten freuen könnte.

4.8.3 Hilfsangebote außerhalb der Praxis

Telefonische Unterstützung

Die christlichen Kirchen bieten ein kostenloses Angebot per Telefon an (TelefonSeelsorge). Hier können Trauernde zu jeder Zeit anrufen und sich Rat und Hilfe holen. Die Mitarbeiter unterliegen der Verschwiegenheit. Die Telefonnummern lauten:

- Katholische Kirche: 0800 1110222
- Evangelische Kirche: 0800 1110111

Neben den kostenlosen Angeboten der Kirchen gibt es auch kostenpflichtige Nummern, die von gewerblichen Anbietern initiiert werden. Die fachliche Kompetenz der verschiedenen Anbieter muss man dabei selbst hinterfragen. Eine unabhängige Bewertung durch Einrichtungen wie den TÜV oder die DEKRA gibt es derzeit nicht.

Ergänzt werden diese Angebote von ebenfalls kostenlosen Hotlines, bei denen Angehörige von Trauernden Hilfe und Unterstützung bekommen.

- Elterntelefon: 0800 1110550
- Kinder- und Jugendtelefon: 0800 1110333

Unterstützung im Internet

Eine weitere Möglichkeit des Austausches gibt es in zahlreichen Internetportalen zur Trauerbewältigung. Um es sich einfach zu machen könnte man Tierhaltern nun einfach raten, sie sollten sich im Internet nach anderen Betroffenen und Selbsthilfegruppen umsehen. Es gibt mittlerweile viele Seiten, die Trauernden Hilfe anbieten. Manchmal werden jedoch zwischen der Trauer um Menschen und der Trauer um Tiere keine Unterschiede gemacht. Dies kann Probleme verursachen, wenn sich die Trauernden auf den Seiten persönlich austauschen sollen. Einem Nicht-Tierhalter wird oftmals das Verständnis fehlen, trauernde Tierhalter als gleichwertig betroffen anzuerkennen. Man sollte also darauf achten, Portale mit dem Schwerpunkt „Trauer um (Haus-) Tiere" zu empfehlen, die in den letzten Jahren vermehrt entstanden sind (z. B. Gedenkseiten für Tiere oder virtuelle Tierfriedhöfe). Bei einigen dieser Portale können Trauernde mit anderen in Kontakt treten und sich austauschen, eines der größeren Portale ist beispielsweise www.rosengarten-sterne.de.

Für einige Tierhalter bieten die Internet-Foren einen sehr guten und passenden Weg, sich über die Gefühle im Rahmen der Trauer auszutauschen. Wichtig ist aus unserer Sicht aber, dass ein tierärztliches Team über verschiedene Wege der Trauerbewältigung Bescheid weiß und einen guten Rat, eine gute Idee oder einen guten Weg aufzeigen kann, der individuell zu dem trauernden Tierhalter am besten passt.

5 Die TFA im Fokus: Emotionsarbeit und ihre Grenzen

5.1 Oberflächenhandeln und Tiefenhandeln

Von Tiermedizinischen Fachangestellten wird besonders in der Trauerarbeit oft verlangt, dass sie mit Mimik, Gestik und Sprache gezielt Emotionen zum Ausdruck bringen, unabhängig davon, ob sie diese wirklich empfinden oder nicht. In der Psychologie spricht man dabei von **Emotionsarbeit** (Hochschild 1983).

In diesem Buch geben wir Ihnen viele Hilfsmittel an die Hand, mit denen Sie den Anforderungen an diese Arbeit gerecht werden können. Trotzdem möchten wir darauf hinweisen, dass die Befähigung zur Emotionsarbeit eine soziale Qualifikation darstellt, die man als Grundvoraussetzung mitbringen muss und die nur teilweise erlernt werden kann. Erfüllen Sie diese Voraussetzungen, hilft Ihnen Ihre Arbeit, Ihre eigene emotionale Balance aufrecht zu erhalten und Ihren Charakter zu festigen. Diese Emotionsarbeit ist es auch, die es möglich macht, unerwünschte Gefühle, beispielsweise Ekel, während der Arbeit auszublenden und gleichbleibend sachlich zu handeln. Allerdings hat das Vortäuschen oder Unterdrücken von Emotionen auch Nachteile.

In jedem Dienstleistungsberuf, egal ob Verkäufer, Stewardess oder Kellner, erwartet der Kunde eine lächelnde Bedienung mit positiver Ausstrahlung und guter Laune. Auch wenn die innere Emotionslage eine völlig andere ist, da beispielsweise eine 12-Stunden-Schicht hinter der Person liegt oder es private Probleme gibt. Man nennt dies **Oberflächenhandeln**, da die Person den Gefühlsausdruck nur der erwarteten Norm anpasst, ohne ihn wirklich so zu meinen und zu empfinden. Diese **Dissonanzerfahrung** zwischen Ausdruck und Gefühl bewirkt, dass Emotionsarbeit sich auf Dauer schädlich auf die eigene Psyche auswirkt (Zapf, Isic, Fischbach und Dormann 2003). Die Spannung und Differenz zwischen dem was Sie tatsächlich fühlen und dem was Sie fühlen sollen, geht somit zu Lasten Ihrer Gesundheit. Hinzu kommt, dass gerade bei der Trauerarbeit das Oberflächenhandeln oft aufgesetzt wirkt und ein Tierhalter schnell durchschaut, dass man emotional nicht bei ihm ist. Kleinste Veränderungen in der Mimik oder in der Körperhaltung verraten die gespielten Emotionen sofort.

In extrem emotionalen Situationen wird deshalb eher zum **Tiefenhandeln** geraten. Hierbei ist die Richtung umgekehrt: Man versucht, ein bestimmtes Gefühl in sich hervorzurufen und verhält sich dementsprechend authentisch – weil man es wirklich fühlt, auch wenn die Situation vor dem geistigen Auge vielleicht eine andere ist. Wenn Sie tatsächlich empfinden, was Sie nach außen hin zeigen müssen, befinden Sie sich nicht in einem widersprüchlichen Zustand, Ihr Körper macht also keine Dissonanzerfahrung. Auf Dauer ist diese Art von Mitgefühl wesentlich gesünder für Ihre eigene Psyche, denn es ist viel schwieriger und unbequemer, den ganzen Tag eine Maske zu tragen.

Dahinter steht auch die Annahme, dass es einem Menschen nur schwer möglich ist, über einen längeren Zeitraum andere Gefühle auszudrücken als er empfindet, sodass er danach strebt, eine Übereinstimmung dieser Gefühle zu erzeugen. Ist dies nicht möglich, empfindet der Mensch automatisch Stress und Unbehagen (Rastetter 1999).

Das Tiefenhandeln kann also dabei helfen, den Stresslevel zu reduzieren. Es bedarf dafür bestimmter kognitiver Fähigkeiten, mit denen passende Gefühle erzeugt werden können.

Techniken der Emotionsarbeit helfen, die erforderlichen Leistungen in der Trauerarbeit als Tiermedizinische Fachangestellte zu bewältigen. Sie dienen zusätzlich der Stressreduktion und der Konfliktvermeidung im Team und mit dem Tierhalter.

TECHNIKEN DER EMOTIONSARBEIT

1. Entspannung

Tiefes Durchatmen vor einem Gespräch mit einem schwierigen Tierhalter, in dem man negative Gefühle erwartet, bewirkt innere Ruhe und Gelassenheit. Aber auch im Anschluss an das Gespräch hilft bewusstes Atmen, die entstandenen, negativen Gefühle wieder zu beseitigen und sich zu beruhigen.

2. Konzentration

Man muss sich auf seine Aufgabe und das gewünschte Ziel konzentrieren. Haben Sie die Bedürfnisse Ihres Tierhalters immer vor Augen und lassen Sie sich in der Situation nicht ablenken, damit keine unerwünschten Regungen entstehen.

3. Stanislawski-Methode (Stanislawski 1986)

Rufen Sie vor Ihrem inneren Auge Bilder und Vorstellungen hervor, die Sie mit einem bestimmten, in dieser Situation geforderten Gefühl verbinden. Die Gefühlserinnerungen helfen, in der aktuellen Situation das passende Gefühl zu erzeugen und es authentisch rüberzubringen. Diese Methode wird auch Schauspielschülern beigebracht.

Selbst wenn sich diese Fähigkeiten und Techniken erlernen lassen, spielt das Geschlecht eine wichtige Rolle bei der erfolgreichen Umsetzung von Emotionsarbeit. Nicht umsonst sind die meisten Tiermedizinischen Fachangestellten Frauen aus der Mittelschicht. Diesen wird – gesellschaftlich betrachtet – sowohl im Beruf als auch im privaten Umfeld meist die Aufgabe zuteil, Beziehungen zu gestalten sowie das Zwischenmenschliche zu regeln und zu organisieren. Selbstverständlich können auch Männer erfolgreich in diesem Bereich sein, sie haben es aber häufig etwas schwerer, das emotionale Vertrauen der Tierhalter zu gewinnen.

Jedoch hat auch Emotionsarbeit ihre Grenzen. Enge, rigide Emotionsnormen ohne nennenswerten Handlungsspielraum sollten eher die Ausnahme sein. Das bedeutet, dass man sich durchaus nicht alles gefallen lassen muss. Verletzt ein Tierhalter die Regeln gegenseitiger Höflichkeit allzu eklatant, dürfen Sie Ihrem Gegenüber sein Fehlverhalten deutlich signalisieren. Handlungsspielräume und Grenzen sind schon deshalb wichtig, damit jeder Mitarbeiter zu selbstständiger Arbeit motiviert wird und auch seine persönliche Note im Umgang mit Tierhaltern einfließen lassen kann – denn nur das ist wirklich authentisch (▶ Kap. 4).

5.2 Identifikation und Folgen der Emotionsarbeit

In vielen Berufen wird eine hohe „Identifikation mit dem Unternehmen" vorausgesetzt. Betrachtet man nun die emotionale Arbeit der Tiermedizinischen Fachangestellten, stellt sich die Frage, was Identifikation in diesem Zusammenhang bedeuten soll. Bei Berufsbildern wie diesem, die mit einem hohen Maß an Emotionsarbeit verbunden sind, wird in der Psychologie eine Identifikation mit der Rolle als Bewältigungsmechanismus nahegelegt.

Im Umkehrschluss bedeutet das für die Arbeit in der Praxis, dass man ein Höchstmaß an Empathie zeigt und jedes Tier als sein eigenes betrachtet. Doch genau hiervor muss ausdrücklich gewarnt werden. Eine zu starke Identifikation mit der Situation führt zwangsläufig zu einem emotionalen Ungleichgewicht, da traurige und negative Gefühle im Praxisalltag in der Regel überwiegen. Halten Sie eine ausgewogene Balance zwischen positiven Erlebnissen wie Geburten und Untersuchungen von Welpen sowie negativen Diagnosen, kann eine echte Identifikation wahre Wunder wirken. Wie eingangs beschrieben, sind nur echte Gefühle auch für andere als solche wahrzunehmen.

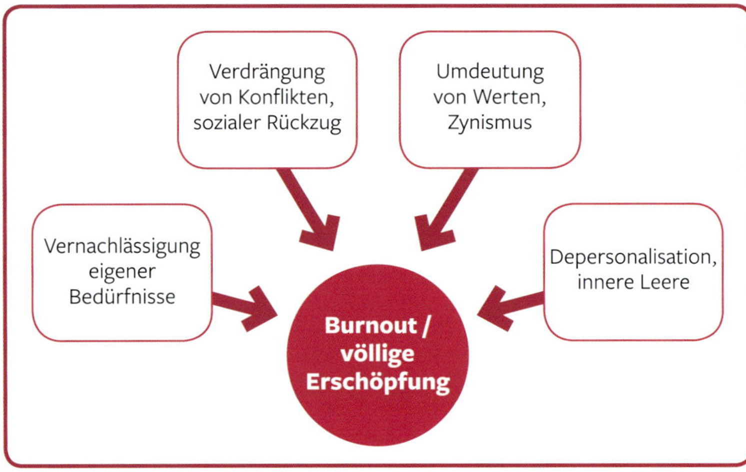

Abb. 5-1 Ursachen eines Burnouts

Allerdings besteht bei Emotionsarbeit unter permanentem Druck auch die Gefahr einer emotionalen Erschöpfung, **Depersonalisation** (zynisches, herzloses Verhalten gegenüber den Tierhaltern) und Leistungsabfall. Gerade bei hohen emotionalen Investitionen, wie während einer Euthanasie, besteht langfristig die Gefahr eines **Burnout** (▶Abb. 5-1).

Zynismus und Burnout liegen oft nahe beieinander. Hierbei ist Zynismus als erste Vorstufe zu sehen, wenn Idealismus und Engagement keinen Widerhall finden und sich Resignation breit macht. Erhält man keine positiven Rückmeldungen vom Chef oder dem Tierhalter, kann dies zu einer psychischen Störung führen. Anfangs mag Zynismus noch als eine Art Selbstschutz fungieren. Beginnt man aber, dauerhaft eine emotionale Distanz zu allen Ereignissen, auch zu einem schönen Film oder einem süßen Katzenbaby, zu haben und alles zynisch kommentiert, verliert man den Bezug zu seinen eigenen Gefühlen.

Um also auf Dauer mit Emotionsarbeit umgehen zu können, helfen neben einer ausbalancierten Identifikation vor allem wirksame Abwehrmechanismen zum Selbstschutz, die keine emotionale Unterkühlung zur Folge haben.

5.3 Selbstschutz bei emotionaler Arbeit

Reden hilft! Das klingt simpel, ist aber die erste und wichtigste Bewältigungsstrategie bei emotionaler Arbeit. Gesprächspartner können dabei Kollegen, Familie, Psychologen oder auch Vertreter der Kirche sein. Bei der Behandlungsassistenz während einer Euthanasie und beim Umgang mit dem trauernden Tierhalter ist es vor allem wichtig, den Tod als Bestandteil des Lebens zu akzeptieren. Das Thema Tod sollte nicht verschwiegen werden, denn nur so nimmt man ihm die Bedrohung. Aber auch Rituale können helfen, den Tod als Alltagsgegenstand wahrzunehmen.

Selbstschutz lässt sich, ähnlich wie bei einer Zwiebel, in drei Schichten aufbauen. Jede Schicht hilft, das wichtigste zu schützen: die eigene Psyche (▶ Abb. 5-2).

In der Veterinärmedizin wurden zu diesem Thema bisher wenige Studien durchgeführt, man kann die Anforderungen an Tiermedizinische Fachangestellte aber durchaus mit den schwierigen Seiten eines Pflegeberufes in der Humanmedizin vergleichen.

Eine Studie der Medizinischen Universitätsklinik der Albert-Ludwigs-Universität Freiburg befragte Pflegekräfte über Ihre Schutzme-

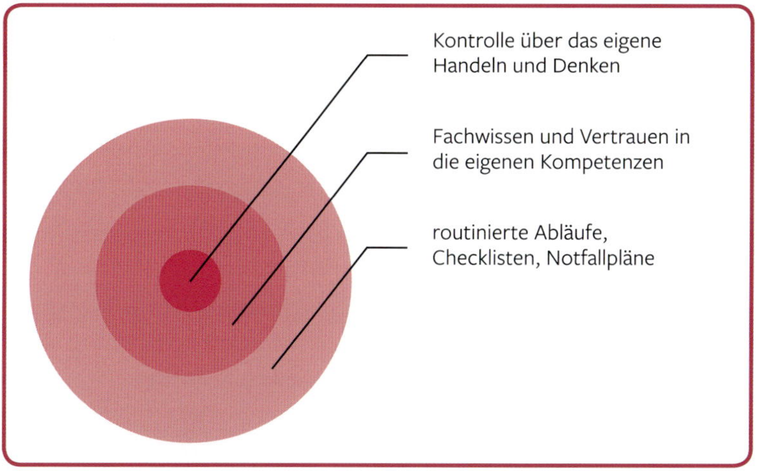

Abb. 5-2 Die drei Stufen des Selbstschutzes

chanismen für die emotionale Seite ihrer Arbeit (Halfpap 2009): Ist ein Patient verstorben, verarbeiten Pflegekräfte ihre persönliche Trauer mithilfe verschiedener Rituale. Die Autorin der Studie beschreibt einige davon: „Manche der Interview-Partner erklärten, dass sie dem Toten noch einmal übers Gesicht streichen. Andere fanden es wichtig, den Verstorbenen ein letztes Mal anzuschauen, sich innerlich von ihm zu verabschieden und ihn loszulassen." Neben diesem Verabschiedungsritual wenden Pflegekräfte auch traditionelle Rituale wie das Öffnen des Fensters an, um die Seele des Toten entweichen zu lassen. Hilfreich bei der Verarbeitung von Todeserfahrungen ist darüber hinaus für viele Pflegekräfte das Gefühl, „einen Patienten in seiner Sterbephase gut begleitet zu haben". Gerade wenn Patienten lange leiden mussten, betrachten Pflegekräfte den Tod oft als Erlösung.

Ein Sprichwort sagt: „Glücklich ist, wer vergisst, was doch nicht zu ändern ist.": Gemeint ist damit ein körpereigener Selbstschutz: Die Akzeptanz negativer Emotionen. Hilfreich ist dieser Mechanismus insofern, als das schlechte Erfahrungen, aufgestaute Wut und negative Emotionen, die nicht mehr zu ändern sind, akzeptiert und damit vergessen werden. Natürlich ist es hilfreich, wenn Sie beim Verlassen der Praxis einfach alle Erlebnisse hinter sich lassen, diese also vergessen und sich voll auf Ihr privates Umfeld konzentrieren können. Gerade beim Thema Euthanasie kommt man mit vielen negativen Emotionen in Berührung, die einem nur allzu schnell sehr nahe gehen können.

SCHUTZ-ABC (NACH UDOLF 2008)

A – Achtsamkeit

Achten Sie auf sich selbst und Ihre Gefühle. Kennen Sie Ihre Grenzen und wahren Sie Ihre Ressourcen, um gesund zu leben. Richten Sie die Hälfte Ihrer Aufmerksamkeit auf sich selbst und Ihren eigenen Körper, um die eigene Ausgeglichenheit zu bewahren.

B – Balance (Work-Life-Balance)

Ausgeglichenheit und Balance zwischen Arbeit, Freizeit und Ruhe ist wichtig und nötig. Eine Balance zwischen beruflichem Leben und vielfältigen privaten und persönlichen Aktivitäten, die als eine Art Krafttankstelle genutzt werden, sollte geschaffen werden.

C – Connection (Verbindung)

Hier ist die Verbindung mit der Natur, dem Leben als Solches und mit anderen Menschen gemeint. Verwirklichen Sie sich mit Ihrer Arbeit, entwickeln und befriedigen Sie persönliche Bedürfnisse, auch auf spiritueller Ebene.

Wie in allen Berufen, spielt die angesprochene Work-Life-Balance eine zentrale Rolle. Finden Sie einen passenden Ausgleich beim Sport, im stabilen sozialen Umfeld oder ziehen Sie sich auch einmal bewusst zurück. Hören Sie auf die Signale Ihres Körpers und gönnen Sie sich Ruhephasen, denn bei Ihrer Arbeit vollbringen Sie emotionale und körperliche Höchstleistung.

5.4 Mach mal Pause

Jeder kennt den Spruch „In der Ruhe liegt die Kraft.“. In diesem kleinen Satz steckt mehr Wahrheit als man glauben mag: Wer den menschlichen Körper als Maschine sieht und immer nur Vollgas fordert, riskiert einen Totalschaden. Laut einer Studie der Bundesanstalt für Arbeitsschutz und Arbeitsmedizin lassen 26 % der deutschen Erwerbstätigen hin und wieder ihre Pause ausfallen (Lohmann-Haislah 2013). Bei einem Drittel der Befragten ist ein zu hohes Arbeitspensum Grund genug, um durchzuarbeiten. Oft werden Pausen von Vorgesetzten oder anderen Kollegen mit sträflichen Blicken getadelt – bitte lassen Sie sich davon nicht beeinflussen! Dieses überzogene Leistungsdenken hat zur Folge, dass nur Arbeitszeit und nicht das Ergebnis honoriert wird. Nur weil jemand 20 Überstunden gesammelt hat, heißt das nicht, dass er produktiver ist als seine Kollegin, die ihre Arbeit in ihrer regulären Arbeitszeit schafft. Im Gegenteil: Es ist ein Zeichen von schlechtem Zeitmanagement. In Ihrer Pause tun Sie ja sogar etwas Gutes für die Arbeit: Sie füllen Ihre Energiereserven wieder auf und können danach konzentrierter und

Abb. 5-3 Regelmäßige Pausen sind wichtig, um Erschöpfungszustände zu vermeiden

produktiver an die Arbeit gehen. Auch Ihre Fehlerquote sinkt. Wenn Sie sich bei dem Gedanken, eine Pause zu machen, trotzdem schlecht fühlen, können Sie Ihr Gehirn ganz einfach austricksen: Nennen Sie Ihre Pause einfach anders! Machen Sie eine „kreative Auszeit", eine „Unterbrechung", ein „Time-Out" oder wie auch immer Sie es nennen wollen. Diese Umbenennung Ihrer Pause hilft Ihnen psychologisch, Ihr schlechtes Gewissen in den Griff zu bekommen und Ihre Pause dann auch effektiv nutzen und genießen zu können(▶Abb. 5-3).

Grundsätzlich sind kleine Pausen effektiver als eine lange Mittagspause. Experten raten daher, folgenden Rhythmus einzuhalten (Frey 2015):

- 5 Minuten Pause nach 45 Minuten Arbeit
- 10 Minuten Pause nach 90 Minuten Arbeit
- 30 Minuten Pause nach 4 Stunden Arbeit

Damit Sie diesen Pausenrhythmus im Alltag auch wirklich garantieren können, empfiehlt es sich, einen Wecker oder eine Stoppuhr auf 45 Minuten einzustellen. Manchmal vergeht die Zeit wie im Fluge und man merkt erst am Ende seines Arbeitstages, wie geschafft man wirklich ist. Vermeiden Sie diese völligen Erschöpfungsphasen, indem Sie Ihre Pausen bewusst einfordern.

FÜNF TIPPS FÜR KLEINE PAUSEN ZWISCHENDURCH

1. Ablenkung für das Gehirn

Zwingen Sie sich, nicht an die Arbeit zu denken. Grübeln hält den Stresspegel hoch und hindert Sie daran, sich zu entspannen. Überlegen Sie, was Sie am Abend essen möchten, welchen Film Sie schauen wollen oder was Sie morgen anziehen. Denken Sie an kleine Dinge, die Ihre Aufmerksamkeit fordern, aber nichts mit der Arbeit zu tun haben. Nur so nutzen Sie Ihre Pause wirklich effektiv.

2. Frische Luft

Frische Luft kann wahre Wunder bewirken. Dabei kommt es nicht darauf an, dass Sie besonders weit gehen, Sie können sich auch auf eine Bank setzen. Wichtig ist nur, dass Sie Ihre Lungen mit Sauerstoff füllen. Wussten Sie, dass es ausreicht, nur viermal pro Minute zu atmen? Probieren Sie es draußen aus und fühlen Sie, wie sich Ihr innerlicher Stress reduziert.

3. Türrahmen-Yoga

Machen Sie einen Schritt in den Raum und greifen Sie mit beiden Händen nach hinten und halten Sie sich am Türrahmen fest. Die Beine sind leicht gespreizt, während die Füße nebeneinander stehen. Dabei tief ein- und ausatmen. Der Oberkörper wird so weit wie möglich nach vorne gebeugt, sodass die Arme gestreckt sind. Lassen Sie die Hände dann langsam am Türrahmen hochwandern, bis Sie in gestreckter Position stehen. In dieser Streckung atmen Sie dreimal ein und aus und lösen diese Haltung dann wieder. Durch diese Übung dehnen Sie Ihre Brustmuskulatur und öffnen den Brustraum, was ein durch Stress oder übermäßige Anspannung entstandenes Beklemmungsgefühl löst. Wiederholen Sie diese Übung, wann immer Ihnen im Arbeitsalltag danach ist.

4. Lieblingsmusik

Musik baut im Körper nachweislich Stresshormone ab. Das hat einen einfachen Grund: Mit unserer Lieblingsmusik verbinden wir positive Ereignisse, was automatisch positive Gefühle zur Folge hat. Besonders langsame, meditative Klänge können den Körper entspannen. Aber auch einfach das Lieblingslied laut aufzudrehen und mitzusingen hilft, neue Energie zu tanken. Vielleicht machen die Arbeitskollegen ja sogar mit? So fördern Sie gleichzeitig noch ein positives Arbeitsklima.

5. Atemmeditation

Bei extremer Anspannung kann es helfen, sich für einige Minuten auf eine andere Atemtechnik zu konzentrieren. Besonders wichtig ist dabei, dass Sie sich in einem ruhigen, ungestörten Raum ohne große Ablenkung befinden. Legen Sie Ihren rechten Zeigefinger zwischen Ihre Augenbrauen und drücken Sie mit dem Daumen das rechte Nasenloch zu. Atmen Sie über den linken Nasenflügel ruhig ein. Schließen Sie dann mit Ihrem Mittelfinger das linke Nasenloch und atmen Sie über das rechte ruhig aus.

Sie können diese Übung im Wechsel wiederholen, bis sich Ihre Anspannung löst.

Vor dem Feierabend die Praxis aufzuräumen scheint oft lästig und nach einem langen Tag extrem anstrengend. Rein psychologisch betrachtet ist es aber hilfreich, sein Arbeitsumfeld am Ende des Tages ordentlich zu hinterlassen. Betreten Sie morgens eine unordentliche Praxis oder setzten Sie sich an einen überfüllten Schreibtisch, setzt Ihr Stresspegel direkt am Vortag wieder an und Ihre Entspannung ist verschwunden.

Starten Sie den Tag stattdessen in einem ordentlichen Umfeld, können Sie den Tag motivierter auf sich zukommen lassen. Schmeißen Sie also überflüssige Papiere weg, heften Sie Unterlagen sorgfältig ab und verlassen Sie das Behandlungszimmer in einem ordentlichen Zustand.

HERUNTERFAHREN

Ein Feierabend-Ritual kann helfen, den Körper herunterzufahren und sich bewusst zu entspannen. Gießen Sie beispielsweise alle Pflanzen in der Praxis kurz vor Feierabend. Jedes Mal, wenn Sie das machen, werden Sie beim Gießen automatisch innerlich auf Freizeit umschalten und können Ihren Feierabend von der ersten Sekunde an genießen.

Verabschieden Sie sich am Ende des Tages von Ihrem Chef und Ihren Kollegen. Das ist nicht nur eine Frage der Höflichkeit, sondern stellt auch klar, dass Sie ab jetzt nicht mehr verfügbar sind. Geben Sie Ihre private Handynummer auch nur an Personen weiter, die Ihre Privatsphäre zu schätzen wissen. Nach Feierabend noch Anrufe oder Nachrichten zu beantworten, bringt Sie körperlich wieder in eine Stresssituation und regt direkt zum Grübeln an. Ziehen Sie eine klare Linie zwischen Arbeits- und Privatwelt. Wenn Sie nach Feierabend noch etwas mit Arbeitskollegen unternehmen, sollten Sie berufliche Themen vermeiden. In der Öffentlichkeit sollten Sie sowieso keine Patientengeschichten besprechen, da Sie sonst Ihre Schweigepflicht verletzen. Lenken Sie sich lieber ab und sprechen Sie über völlig andere Themen – wie mit „normalen" Freunden auch.

Epilog

Zum Umgang mit Tod und Trauer in der tierärztlichen Praxis

Veränderung in der Wahrnehmung des Tiertodes

In den letzten Jahrzehnten entwickelte sich ein neuer Wirtschaftszweig, der sich mit der Bestattung von Haustieren beschäftigt. Dieser Trend folgt einem veränderten Umgang der Besitzer mit dem Tod ihrer Tiere. Es ist erkennbar, dass sich die Einstellung zu Haustieren wie kleinen Heimtieren, Hunden und Pferden stark gewandelt hat. Insbesondere Hunde, aber auch Pferde, wurden zu Familienmitgliedern. In Umfragen geben gut 80 % der Tierbesitzer an, ihre Heimtiere als vollwertige Familienmitglieder zu sehen (Taylor, Funk und Craighill 2006). Von etwa 40 % der Tierbesitzer werden auch Pferde als Familienmitglieder betrachtet (AVMA 2007). Ausführlich wurde dieser Wandel in der 2016 erschienen Promotionsschrift „‘Tote begraben und Trauernde trösten‘ – Haustiere in der Sepulkralkultur: Entwicklung und Bedeutung für die Tiermedizin“ nachvollzogen (Olejnik 2016).

Diese veränderte emotionale Wahrnehmung für Tiere, denen oftmals sogar ein Personenstatus zugesprochen wird, führt dazu, dass ihr Tod eine Trauerreaktion auslösen kann, die in Art und Stärke der beim Tod eines nahestehenden Menschen gleicht. In Studien hatten 70 % der Tierbesitzer auf diese Weise reagiert (Harris 1983, Quackenbush und Glickman 1984).

Doch nicht nur eine veränderte Wahrnehmung von Tieren hat hier Auswirkungen, sondern auch eine generell veränderte Situation im Umgang mit dem Tod innerhalb der Gesellschaft. Es existiert immer weniger ein direkter Kontakt des einzelnen Menschen mit Sterbenden. Durch Auslagerung sterbender Menschen in eine außerhäusliche Betreuung und eine generell höhere Lebenserwartung gibt es kaum noch Berührungspunkte. In der Folge sind Tierbesitzer im Todesfall ihres Tieres häufig erstmalig und auch direkt mit dem Tod konfrontiert, insbesondere bei der schmerzfreien Tötung in der tierärztlichen Praxis (Student und Napiwotzky 2007, Wiedenmann 2002).

Obwohl der Tod ihres Tieres für Tierbesitzer eine große Belastung sein kann, die dazu führt, dass sie intensiv trauern, ist diese Trauer innerhalb unserer Gesellschaft noch nicht anerkannt. Ein trauernder Tierbesitzer erfährt in der Regel keine Unterstützung durch seine Mitmenschen. Durch das Gefühl, dass diese Trauer nicht angebracht sei, wird sie eher versteckt. Dies kann die Verarbeitung eines Verlustes negativ beeinflussen (Adams, Bonett und Meek 1999, Quackenbush und Glickman 1984, Stewart 1983,).

Tod und Trauer – Konsequenzen für die tierärztliche Praxis

Nicht nur die Beziehung von Menschen zu ihren Tieren hat sich verändert. Gleichzeitig bestehen heute andere Ansprüche von Tierbesitzern an Tierärzte. Neben einer hohen fachlichen Kompetenz wird auch eine hohe Sozialkompetenz eingefordert. So ist es zwar für annähernd alle Tierbesitzer (95 %) in einer Umfrage von höchster Priorität, dass ihr Tierarzt „hohe fachlich-medizinische Kompetenz in Diagnose und Therapie“ hat, dies wird aber mit 91 % unmittelbar gefolgt von dem Wunsch, dass der Tierarzt ein „‘Psychologe‘ für Tier und Tierbesitzer“ und „‘Seelentröster‘ mit universeller Problemlösekompetenz“ sein soll. Auch der „immer ansprechbare, ‚tierliebende‘ Tierarzt“ ist für 88 % der Tierbesitzer wichtig (Bergler 2009). Im Fall des Todes eines Tieres erhoffen sich 87 % der Befragten emotionale Unterstützung von ihrem Tierarzt und wollen mit ihm über den Umgang mit ihrer Trauer sprechen. Auch eine über medizinische Belange hinausgehende Beratung, beispielsweise zu verschiedenen Bestattungsmöglichkeiten von Tieren, wird häufig gewünscht (Adams, Bonett und Meek 2000, Fernandez-Mehler et al. 2013).

Schwierigkeiten für Tierärzte

Von Tierärzten wird eine hohe fachliche Kompetenz und gleichzeitig ein großes Einfühlungsvermögen gefordert. Oftmals befinden sich Tierärzte in der schwierigen Situation, die notwendig werdende schmerzfreie Tötung eines Tieres kommunizieren zu müssen. Sie stehen dann in der Doppelrolle des Überbringers der traurigen Nachricht und des Trostspenders.

Wenn Tierärzte in ihr Berufsleben starten, sind sie in ihrem Studium nicht auf den Umgang mit Tierbesitzern in schwierigen Situationen vorbereitet worden. Es wird bisher weder im Rahmen von Vorlesungen auf die Tötung von Tieren eingegangen, noch werden angehende Tierärzte hinsichtlich ihrer kommunikativen Fähigkeiten geschult und schon gar nicht wird auf die Aspekte der Trauer um ein Tier eingegangen. Deshalb kommt es in der Kommunikation mit emotional reagierenden Tierbesitzern häufig zu Problemen. Gleichzeitig gewöhnen sich Tierärzte mit der Zeit im Berufsleben an die schmerzfreie Tötung und auch an den Anblick von sterbenden und toten Tieren. Vielen mag es dann schwerfallen einzuschätzen, welche Auswirkungen dies auf die Tierbesitzer haben kann (Hewson 2014).

Auch auf Tierärzte hat dieser Aspekt ihrer Tätigkeit durchaus psychische Auswirkungen. Sie stehen bei der schmerzlosen Tötung hautnah in Kontakt mit dem Tier und dessen Besitzer, der bei der Tötung meist zugegen ist. Gerade der Umgang mit dem Tierbesitzer und das notwendige Einfühlungsvermögen führen zu Belastungen bei Tierarzt und dem Personal. Der Tod von Tieren durch Krankheit und Tötung kann starke emotionale Reaktionen bei einem nennenswerten Teil der Tierärzteschaft hervorrufen. Dies kann sogar dazu führen, dass Tierärzte sich für die Trauer der Besitzer verantwortlich fühlen. Besonders die Häufigkeit, mit der dies in der tierärztlichen Praxis geschieht, wird als ein Grund für Burnout-Erkrankungen angesehen. Hier sind insbesondere Tierärzte in einer kleinen Praxis gefährdet, die sich nicht mit Kollegen austauschen können (Fogle und Abrahamson 1990, Hart, Hart und Mader 1990, Voss 2002).

Emotionale Aspekte

Dass Tierbesitzer trauern ist eine Tatsache. Wenn die Trauer um ein verstorbenes Tier nicht von Mitmenschen anerkannt wird und deshalb Tierbesitzer diese womöglich verstecken, sind die Mitarbeiter in der Tierarztpraxis oft die einzigen Ansprechpartner in Trauerfällen. Ihr persönliches Verhalten im Umgang mit dieser Trauer kann direkten Einfluss auf das Wohlbefinden des Tierbesitzers nehmen. Die Mitarbeiter können dessen Trauer um ein Tier stark beeinflussen, sowohl in positiver als auch in negativer Hinsicht. Verständnis und Mitgefühl in der Tierarztpraxis zu erfahren, kann Tierbesitzern sehr dabei helfen, überhaupt um ihr Tier trauern zu können und dadurch den Verlust zu verarbeiten. Im Gegensatz dazu wird ein wenig feinfühliger Umgang des tierärztlichen Personals mit der Situation von den Tierbesitzern als besonders schlimm empfunden (Adams, Bonett und Meek 1999, 2000).

Kommt es zu einer erschwerten Trauer bei den Tierbesitzern, kann dies zu einer erheblichen Belastung für die betroffenen Personen führen. Eine nicht verarbeitete Trauer kann zu einem pathologischen Trauerprozess mit ausgeprägten Depressionen und in Einzelfällen sogar zum Selbstmord führen (Bustad und Hines 1984, Quackenbush und Glickman 1984).

Wirtschaftliche Aspekte

Der Erfolg einer Tierarztpraxis hängt heute nicht mehr alleine von der fachlichen Qualität ab, hier existiert eine hohe Einheitlichkeit zwischen den verschiedenen Praxen. Vielmehr ist die Leistung der Praxis als Dienstleistung zu sehen, die auf die Ansprüche der Kunden ausgerichtet werden muss. Auch gibt es ein Überangebot an Tierarztpraxen, somit müssen Tierärzte sowohl Stammkunden an ihre Praxis binden als auch Neukunden gewinnen (Knoop 2011, 2015).

Kunden erhalten einen ersten Eindruck von der Qualität einer Praxis durch ganz offensichtliche Dinge, wie Sauberkeit, oder durch messbare Faktoren wie Wartezeit, Leistungsangebot und Therapieerfolg. Schlussendlich wird die Zufriedenheit der Kunden aber durch die soziale Kompetenz der Mitarbeiter bestimmt. Hier fließen Aspekte wie Sympathie,

Kommunikationsfähigkeit, Einfühlungsvermögen sowie respekt- und verständnisvoller Umgang mit Tier und Halter ein (Knoop 2015).

Insbesondere in der Situation des Todes eines Tieres sind Tierbesitzer hinsichtlich der sozialen Kompetenz des Personals sehr sensibel. Die Tierbesitzer befinden sich in einer Ausnahmesituation, in der sie besonders verletzlich sind. Da sich Tierbesitzer häufig nach dem Tod eines Tieres wieder ein neues Tier anschaffen, rechnet es sich, Zeit zu investieren und Tierbesitzer im Trauerfall gut zu begleiten. Dann besteht eine große Chance, dass sie mit einem neuen Tier in die Praxis zurückkommen. Hier kann die Werbung eines neuen Kunden eingespart werden. Gleichzeitig ist der Tierbesitzer dem Team gut bekannt, die Praxismitarbeiter müssen sich nur auf das neue Tier einstellen.

Betrachtet man den Aspekt der guten Betreuung sachlich-nüchtern, können auch hier noch Neukunden geworben werden, denn Tierbesitzer, die sich im Todesfall ihres Tieres von ihrem Tierarzt und seinem Personal einfühlsam betreut gefühlt hatten, gaben in Befragungen an, wieder in dieselbe Praxis zurückkehren zu wollen und diese auch weiter zu empfehlen (Baydak 2000). Bei der Entscheidung für eine Tierarztpraxis legen bekanntermaßen viele Tierbesitzer Wert auf eine Empfehlung durch Freunde und Bekannte (Knoop 2015).

Neue Anforderungen an Tierärztliche Fachangestellte

Da sich aus der veränderten Stellung von Tieren in der Gesellschaft auch ein veränderter Umgang mit dem Tod der Tiere ergeben hat, sollte eine generelle Schulung aller Mitarbeiter in Tierarztpraxen hinsichtlich menschlicher Belange im Besonderen in Bezug auf Sterben und Trauern erfolgen. Dadurch kann ein Verständnis für die Notwendigkeit eines besonders empathischen Umgangs mit Tierbesitzern in dieser außergewöhnlichen Situation geschaffen werden.

Weiterhin ist davon auszugehen, dass gerade junge Menschen, die eine Ausbildung zum/zur Tiermedizinischen Fachangestellten begonnen haben, noch kaum mit dem Sterben und dem Tod von Tieren in Berührung gekommen sein dürften. Deshalb ist es besonders wichtig, bereits während der Ausbildung mehr über dieses Thema zu erfahren und zu lernen, mit dem Tod von Tieren und der Trauer ihrer Besitzer umgehen zu können. Wenn Tierärzte unter derartigen Situationen leiden, sind auch Tiermedizinische Fachangestellte nicht davor gefeit. Auch wenn sie nicht die „Verantwortung" für die Behandlung tragen, sind sie doch mit den Tierbesitzern in engstem Kontakt. Sie führen die Telefonate, und sei es nur zur Terminabsprache, bei denen die Besitzer häufig schon von ihren Sorgen und Nöten berichten. Auch haben sie den Erstkontakt mit den Tierbesitzern in der Praxis bei der Anmeldung sowie im Wartebereich und sie verabschieden die Tierbesitzer dann wieder aus der Praxis, während Tierärzte in der Regel mit der Behandlung weiterer Tiere fortfahren.

Alle Mitarbeiter haben einen großen Einfluss darauf, ob sich Tierbesitzer in einer Tierarztpraxis wohlfühlen. Höflichkeit, Kommunikationsfähigkeit und Einfühlungsvermögen werden nicht nur von Tierärzten gefordert. Können alle Mitarbeiter kompetent mit Patientenbesitzern kommunizieren, so fühlen diese sich auch gut betreut – insbesondere wenn ein Teil der Beratungsgespräche von Tiermedizinischen Fachangestellten geführt wird und Tierärzte sich weitestgehend auf die Kommunikation von Behandlung und Prognose beschränken. Somit kann die zeitintensive Beratung auf mehrere Mitarbeiter verteilt werden. Besonders nach dem Versterben eines Tieres werden Tierbesitzer sicherlich noch einmal mit dem Tierarzt über die Krankheit des Tiers sprechen wollen. Weiterführende Gespräche über den Umgang mit der Trauer und über Bestattungsmöglichkeiten können dann auch von Tiermedizinischen Fachangestellten geführt werden.

Der Kontakt zu Tierbesitzern muss auch nicht mit dem Tod ihrer Tiere enden. Viele Tierbesitzer würden sich über eine weitergehende Betreuung freuen, wie einen Anruf am Folgetag oder die Zusendung einer Kondolenzkarte mit einigen persönlichen Worten (Adams, Bonett und Meek 2000). Auch dies ist eine Arbeit, die nicht vom Tierarzt selbst ausgeführt werden muss. Allerdings sind derartige Gespräche nicht einfach zu führen und das Finden tröstender Worte sollte geübt werden. An einigen Universitäten, vor allem im englischsprachigen Raum, gibt es zum Thema Tod und Trauer Übungsangebote, in denen angehende

Tiermediziner ihre Fähigkeiten trainieren können Es sollten aber nicht nur Tiermediziner, sondern konsequenterweise auch Tierärztliche Fachangestellte in dieser Kommunikation geschult werden.

Fazit

Tiere können Nutztiere, aber auch engste Familienmitglieder sein. Die Besonderheiten der individuellen Mensch-Tier-Beziehung zu kennen, hilft im täglichen Umgang mit den Tierbesitzern. Es fällt dann leichter, deren persönliche Beziehung zu ihren Tieren einschätzen und auf deren Ansprüche eingehen zu können, die heute weit über die schlichte Behandlung von Krankheiten hinausreichen. Im Mittelpunkt steht die umfassende Betreuung von Tier und Halter, vor allem im Fall von Tod und Trauer.

Im Zuge eines zunehmenden Konkurrenzdruckes rücken Aspekte wie soziale Kompetenz und Kundenzufriedenheit immer stärker in den Fokus der tierärztlichen Tätigkeit, hierzu tragen alle Mitarbeiter von Tierarztpraxen maßgeblich bei. Wenn alle Mitarbeiter in ihrem Zuständigkeitsbereich bestens geschult und auf einem qualitativ hohen Niveau tätig sind, zu dem auch eine gute kommunikative Kompetenz gehört, können die anfallenden Arbeiten bestmöglich verteilt und Praxisabläufe wirtschaftlich optimal gestaltet werden (Knoop 2011).

Eine hohe Kommunikationskompetenz und ein versierter Umgang mit dem Thema Tod und Trauer tragen wesentlich zur psychischen Entlastung des gesamten Teams bei. Eine belastende Situation kann besser gemeistert werden, wenn alle Beteiligten damit umgehen können und nicht versuchen, die Last an andere Teammitglieder abzugeben. Somit wird die Situation für jeden Einzelnen weniger bedrückend und die Leistungsfähigkeit im Team bleibt auf hohem Niveau.

Starnberg, im Herbst 2018 *Julia Olejnik*

Anhang

Adressen und Ansprechpartner

Zum Thema Euthanasie und Trauer steht Ihnen das **Rosengarten-Kleintierkrematorium Badbergen** beratend und unterstützend zur Seite. Gerade für Fragen, die sich auf die Kommunikation mit dem Tierhalter oder intern im Team beziehen, helfen wir Ihnen gerne persönlich weiter:

Kleintierkrematorium Im Rosengarten GmbH
Devern 13
49635 Badbergen
✉ mail@kleintierkrematorium.de
☎ 05433 91370

Beim **Bundesverband für Tierbestatter e.V.** erhalten Sie Ansprechpartner zu Tierfriedhöfen in verschiedenen Regionen Deutschlands, auf denen die Bestattung von Haustieren oder von Urnen mit tierischer Asche möglich ist:

☎ 0231 562293-0
⌂ www.tierbestatter-bundesverband.de

Bei Fragen zum Thema Überlastung oder psychischer Stress auf der Arbeit, wenden Sie sich bitte direkt an den **Verband medizinischer Fachberufe e.V. (VmF):**

Verband medizinischer Fachberufe e.V.
Referat Tiermedizinische Fachangestellte
Gesundheitscampus-Süd 33
44801 Bochum
✉ info@vmf-online.de
☎ 0234 777 28-0

Benötigen Sie oder trauernde Tierhalter seelische Unterstützung oder möchten Sie generell über Verlust, Tod und Trauer sprechen und Rat suchen, sind verschiedene **telefonische Seelsorge-Hotlines** kostenfrei und anonym zu erreichen:
TelefonSeelsorge:
☎ 0800 1110222 oder 0800 1110111
www.telefonseelsorge.de
Elterntelefon:
☎ 0800 1110550
www.nummergegenkummer.de
Kinder- und Jugendtelefon:
☎ 116111
www.nummergegenkummer.de

Das bundesweite **Info-Telefon Depression** soll Betroffenen und Angehörigen den Weg zu Anlaufstellen im Versorgungssystem weisen. Dies stellt keinen Ersatz für eine Behandlung durch einen Arzt oder Psychotherapeuten dar. In akuten Krisen wenden Sie sich bitte an Ihren Hausarzt, die nächste psychiatrische Klinik oder den Notarzt.
Info-Telefon Depression:
☎ 0800 33 44 533
www.deutsche-depressionshilfe.de

Literatur

Adams CL, Bonett BN Meek AH (1999): Owner response to companion animal death: development of a theory and practical implications. Can Vet J 40: 33–39.

Adams CL, Bonett BN, Meek AH (2000): Predictors of owner response to companion animal death in 177 clients from 14 practices in Ontario. JAVMA 217 (9): 1303–1309.

AVMA (Ed. 2007): Pet Ownership & Demographics Sourcebook. American Medical Veterinary Association, Schaumburg, Illinois, USA, 124: 210.

AVMA (2013): AVMA Guidelines for the Euthanasia of Animals: 2013 Edition. American Medical Veterinary Association, Schaumburg, Illinois, USA.

Baconis F (1829): de dignitate et augmentis scientiarum: libri IX, 1. Aufl., Riegel et Wiessner, Norimbergae.

Baydak MA (2000): Human grief on the death of a pet. Winnipeg, Manitoba, University of Manitoba, Faculty of Social Work, Master of Social Work, 101.

Bergler R (2009): Tierarzt und Tierhalter – Untersuchungen zur Psychologie einer Beziehung. http://www.aow-bonn.de/www/wir/bergler/freie-texte/bergler2009-tierarzt-und-tierhalter.pdf (Zugriff am 04.12.2015).

Berthoz S (2005): Emotionsstörungen – Wenn Männer keine Gefühle haben. http://www.spiegel.de/wissenschaft/mensch/emotionsstoerungen-wenn-maenner-keine-gefuehle-haben-a-345128-2.html (Zugriff am 01.07.2018).

Bustad LK, Hines LM (1984): Relief and Prevention of Grief. In: Kay WJ, Nienburg HA, Kutscher AH, Grey RM, Fudin CE (Eds.): Pet Loss and Human Bereavement. The Iowa State University Press, Ames, 70–81.

Bundestierärztekammer (BTK) (2015): Ethik-Kodex der Tierärztinnen und Tierärzte Deutschlands. https://www.bundestieraerztekammer.de/btk/ethik (Zugriff am 10.12.2018).

Diezemann A (ohne Angabe): Können Tiere trauern? https://www.aktiontier.org/themen/haustiere/koennen-tiere-trauern/ (Zugriff am 01.07.2018).

Ekmann P (2011): Ich weiß, dass Du lügst. rororo Verlag, Reinbek.

Ekmann P (2016): Gefühle lesen. Spektrum Verlag, Heidelberg.

Fernandez-Mehler P, Gloor P, Sager E, Lewis FI, Glaus TM (2013): Veterinarians' role for pet owners facing pet loss. Vet Rec 172 (21): 1–7.

Filser H (2016): Wo der Wolf zum Hund wurde. https://www.sueddeutsche.de/wissen/evolution-des-pudels-doppelter-kern-1.3016664 (Zugriff am 28.04.2018).

Fogle B, Abrahamson D (1990): Pet Loss: A Survey of the Attitudes and Feelings of practicing Veterinarians. Anthrozoös 3 (3): 143–150.

Frey H (2015): Gesund im Büro. 1 Aufl., Kreuz Verlag, Freiburg.

Gefahrenabwehrverordnung über das Halten und Führen von Hunden (2006): Gefahrenabwehrverordnung über das Halten und Führen von Hunden (HundeVO) vom 22. Januar 2003 (GVBl. I S. 54), geändert durch Verordnung vom 16.12.2008 (GVBl. I S. 1028).

Halfpap N (2009): Wenn Patienten sterben – Umgang mit Tod und Trauer bei Krankenpflegekräften, Eine qualitative Studie durchgeführt am Universitätsklinikum Freiburg. i. Br. Freiburg, Albert-Ludwigs-Universität, med. Fak., Diss.

Harris J (1983): A Study of client Grief Responses to Death or Loss in a Companion Animal Veterinary Practice. In: Katcher AH, Beck AM (Eds.), New Perspectives on Our Lives With Companion Animals. University of Pennsilvania Press, Philadelphia, 370–376.

Hart AL, Hart BL, Mader B (1990): Humane euthanasia and companion animal death: Caring for the animal, the client, and the veterinarian. JAVMA 197 (10): 1292–1299.

Hewson C (2014): Grief for pets Part 1: Overview and update on the literature. Vet Ireland J 4 (7): 380–385.

Hirschberg C (2010): Wie Kinder trauern. Kinder in ihrer Trauer begleiten. Diakonisches Werk der Evangelischen Kirche in Deutschland e.V., Berlin.

Hochschild AR (1983) The managed heart: Commercialization of human feeling. 3.Aufl. University of California Press, Berkeley.

Hornig C (1993): Das spätsächsische Gräberfeld von Rullstorf, Ldkr. Lüneburg. Leidorf, Buch am Erlbach, 117–137.

Hula S (2017): Bikos letzter Tag. Klett Kinderbuch Verlag GmbH, Leipzig.

Jürgens E (2008): Tod und Sterben – Trauer und Trost. Materialien für die psychotherapeutische Arbeit mit trauernden Kindern. In: Verhaltenstherapie mit Kindern und Jugendlichen – Zeitschrift für die psychosoziale Praxis. Deutsche Gesellschaft für Verhaltenstherapie e.V. Fort- und Weiterbildung, Tübingen, 49–59.

Kirsch K, Palm J, Wedel K (2016): Die Tücken des „sanften Todes". Dt Tierärzteblatt 9: 1362–1366.

Knoop S (2011): Tierarzt – Ein Berufsbild im Wandel. Bedeutung und Notwendigkeit der Lehre betriebswirtschaftlicher Themen im Studium der Veterinärmedizin. Hannover, Tierärztliche Hochschule, Diss., 201–202, 204.

Knoop S (2015): Tierärztliches Marketing – Kundenmanagement. Veterinärspiegel 1: 42–46.

Kübler-Ross E (2001): Interviews mit Sterbenden. Droemer Knaur, München.

Lagoni LS, Butler C (1994): Cremation Services upon the Death of a Companion Animal: Views of Service Providers and Service Users. University of Adelaide, South Australia, Diss.

Larson G, Fuller DQ (2014), The Evolution of Animal Domestication. Ann Rev Ecol Evol System. https://doi.org/10.1146/annurev-ecolsys-110512-135813 (Zugriff am 17.05.2018).

Lohmann-Haislah A (2013): Stressreport Deutschland 2012: Psychische Anforderungen, Ressourcen und Befinden. Bundesanstalt für Arbeitsschutz und Arbeitsmedizin, Dortmund/Berlin/Dresden.

Ludwig M (2014): Können Tiere so tief trauern wie wir Menschen?) https://www.focus.de/wissen/experten/ludwig/gebaerdensprache-leichenzug-federrupfen-verlustangst-oder-echte-trauer_id_4067704.html (Zugriff am 28.06.2018).

Müller-Wille M (1970/1971): Pferdegrab und Pferdeopfer im frühen Mittelalter. In: Berichten van de Rijksdienst voor het Oudheidkundig Boemonderzoek, 119–248.

Navarro J (2010): Menschen lesen. mvg Verlag, München.

Navarro J (2011): Menschen verstehen und lenken. mvg Verlag, München.

Olejnik J (2016): 'Tote begraben und Trauernde trösten' – Haustiere in der Sepulkralkultur: Entwicklung und Bedeutung für die Tiermedizin. Hannover, Tierärztliche Hochschule, Diss., Cuvillier Verlag, Göttingen.

Quackenbush JE, Glickman L (1984): Helping people to adjust to the death of a pet. In: Health Social Work 9: 42–48.

Rastetter D (1999): Emotionsarbeit Stand der Forschung und offene Fragen. ARBEIT 4: 374–388.

Rießinger S (2013): Sekundäre Traumatisierung bei pädagogischen Fachkräften in der Kinder- und Jugendhilfe. Jugendhilfe-Netz 5: 2–6.

Schulte von Drach MC (2010): Trauern Tiere? http://www.sueddeutsche.de/wissen/frage-der-woche-trauern-tiere-1.587470 (Zugriff am 28.06.2018).

Shojai A (2017): How to Deal with Pet Loss Grief: Love Lives Forever. https://amyshojai.com/pet-loss-grief/ (Zugriff am 01.07.2018).

Stanislawski K (1986): Stanislawski-Reader: Die Arbeit des Schauspielers an sich selbst und an der Rolle. 1. Aufl. Henschel, Berlin.

Stewart M (1983): Loss of a Pet – Loss of a Person: A comparative Study of Bereavement. In: Katcher AH, Beck AM (Eds.), New Perspectives on Our Lives With Companion Animals. University of Pennsilvania Press, Philadephia, 390–396.

Student JC, Napiwotzky A (2007): Palliative Care. Wahrnehmen – verstehen – schützen. Georg Thieme Verlag, Stuttgart, 5.

Taylor P, Funk C, Craighill P (2006): Gauging Family Intimacy. Dogs Edge Cats (Dads Trail Both). Pew Research Center (Ed.), Washington, DC, 4. http://www.pewsocialtrends.org/2006/03/07/gauging-family-intimacy/ (Zugriff am 25.10.2015).

TierSchG (2006): Tierschutzgesetz in der Fassung der Bekanntmachung vom 18. Mai 2006 (BGBl. I S. 1206, 1313), das zuletzt durch Artikel 141 des Gesetzes vom 29. März 2017 (BGBl. I S. 626) geändert worden ist.

Udolf M (2008): Sekundäre Traumatisierung bei pädagogischen Fachkräften in der Kinder- und Jugendhilfe. http://www.traumapaedagogik.de/?p=158 (Zugriff am 10.06.2011).

van Gennep A (2005): Übergangsriten (Les rites de passage). 1. Aufl. Campus Bibliothek, Frankfurt a.M.

VETIDATA (2019): www.vetidata.de(Zugriff am 21.01.2019).

Voss M (2002): Untersuchung der sozialen Kompetenz von Tierärzten beim Einschläfern von Hunden. Gießen, Justus-Liebig-Universität, veterinärmed. Fak., Diss.

Welsch B (2012) Hund-Katze-Mensch, Die Deutschen und ihre Heimtiere. Mars Petcare Deutschland GmbH, Verden.

Wende A (2014): Aus der Praxis – Wut ist die Brücke zur Trauer. http://angelikawende.blogspot.com/2014/04/aus-der-praxis-wut-ist-die-brucke-zur.html (Zugriff am 28.06.2018).

Wiedenmann R (2002): Die Tiere der Gesellschaft. UKV Verlagsgesellschaft, Konstanz, 53–54, 56–58.

Wienau R (1984) : Tod und Sterben. 1. Aufl., de Gruyter, Berlin/New York.

Zapf D, Isic A, Fischbach A, Dormann C (2003). Emotionsarbeit in Dienstleistungsberufen. Das Konzept und seine Implikationen für die Personal- und Organisationsentwicklung. In: Hamborg K-C, Holling H (Hrsg.), Innovative Personal- und Organisationsentwicklung. Hogrefe, Göttingen, 266–288.

Autoren

Svenja Holle
absolvierte ihre Ausbildung zur Tiermedizinischen Fachangestellten in einer Kleintierpraxis in Hamburg (Schwerpunkte: Praxisorganisation und Bestellmanagement). Der Wunsch nach intensiverem Kundenkontakt führte sie zur Rosengarten-Tierbestattung, wo sie Menschen in ihrer Trauer begleitete. Im Rahmen des Außendienstes schulte sie dort auch Tierärzte und TFA zum Thema Trauerbegleitung. Zu dieser Zeit startete sie das Berufsschulprojekt „Euthanasie in der Kleintierpraxis", welches bisher in fünf Bundesländern angeboten wird und TFA im ersten Ausbildungsjahr auf die schwierige Situation mit trauernden Tierhaltern vorbereitet. Svenja Holle ist Referentin für den Verband medizinischer Fachberufe (VmF) sowie für die IVP-Akademie und bietet von der Akademie für tierärztliche Fortbildung (ATF) anerkannte Fortbildungen der Rosengarten-Tierbestattung an. Immer mit dabei ist ihr Dalmatiner Murphy.

✉ svenja.holle@mein-rosengarten.de
⌂ www.Rosengarten-Kleintierkrematorium.de

Emanuel Holle
durchlief seine Ausbildung zum Industriekaufmann im niedersächsischen Ankum. Nach der Ausbildung erwarb er die Fachhochschulreife Wirtschaft und ging anschließend für vier Jahre zur Bundeswehr. Seit 2008 ist er für die Rosengarten-Tierbestattung tätig. Dort verantwortete er unter anderem den Ausbau der Filialstandorte in Norddeutschland, die Aus- und Weiterbildung neuer Mitarbeiter, sowie die vertriebliche Arbeit in ganz Deutschland. Seit 2011 hält Emanuel Holle vom Verband medizinischer Fachberufe (VmF) und der Akademie für tierärztliche Fortbildung (ATF) anerkannte Vorträge und Seminare zu Wirtschafts- und Kommunikationsthemen, er ist außerdem Referent der IVP-Akademie. Aktuell leitet er die Bereiche Öffentlichkeitsarbeit, Kooperationen und Vorsorge für die Rosengarten-Tierbestattung.

emanuel.holle@mein-rosengarten.de
www.Rosengarten-Kleintierkrematorium.de

Sachverzeichnis

Abbildungsnachweise

Abb. 1-1: Anika Fährmann
Abb. 1-2: Kleintierkrematorium Im Rosengarten GmbH
Abb. 2-1: Anika Fährmann
Abb. 2-2: Kleintierkrematorium Im Rosengarten GmbH
Abb. 2-3: Kleintierkrematorium Im Rosengarten GmbH
Abb. 2-4: Kleintierkrematorium Im Rosengarten GmbH
Abb. 2-5: Unser Hafen
Abb. 2-6: by ME – stock.adobe.com
Abb. 3-1: creativ – stock.adobe.com
Abb. 4-1: decade3d – stock.adobe.com
Abb. 4-2: Anika Fährmann
Abb. 4-3: Anika Fährmann
Abb. 4-4: Anika Fährmann
Abb. 4-5: Kleintierkrematorium Im Rosengarten GmbH
Abb. 4-7: ClausM – stock.adobe.com
Abb. 5-3: contrastwerkstatt – stock.adobe.com